乡村设计：理论探索与上海实践

Rural Design: Theoretical Exploration and Practice in Shanghai

上海市规划和自然资源局
同　济　大　学　编著

中国建筑工业出版社

图书在版编目（CIP）数据

乡村设计：理论探索与上海实践 = Rural Design:
Theoretical Exploration and Practice in Shanghai /
上海市规划和自然资源局，同济大学编著 . —北京：中
国建筑工业出版社，2021.9（2023.4 重印）
ISBN 978-7-112-26631-9

Ⅰ.①乡…　Ⅱ.①上…②同…　Ⅲ.①乡村规划—建
筑设计—研究　Ⅳ.① TU98

中国版本图书馆 CIP 数据核字（2021）第 191008 号

责任编辑：杨　虹　尤凯曦
书籍设计：殷清眉　秦楷洲　裴祖璇
责任校对：芦欣甜

乡村设计：理论探索与上海实践

Rural Design: Theoretical Exploration and Practice in Shanghai

上海市规划和自然资源局　编著
同　济　大　学
*
中国建筑工业出版社出版、发行（北京海淀三里河路9号）
各地新华书店、建筑书店经销
北京雅盈中佳图文设计公司制版
北京雅昌艺术印刷有限公司印刷
*
开本：880毫米×1230毫米　1/16　印张：16　插页：1　字数：498千字
2021年9月第一版　　2023年4月第二次印刷
定价：**168.00**元
ISBN 978-7-112-26631-9
　　　　　（38157）

指导顾问：
　　常　青　徐毅松　王训国　彭震伟

主　编：
　　顾守柏　栾　峰

编　委：（主要评审专家，按姓氏字母排序）
　　陈　荣　董楠楠　刘　群　马新阳　彭　锋　孙　玉　田　峰
　　汪　军　王海松　王红军　夏　莹　许　铎　杨云卉　殷　玮
　　章　竞　卓刚峰

设 计 师：（入选作品设计师，按姓氏字母排序）
　　蔡　盼　常　磊　陈斌鑫　陈佳婉　陈嘉炜　陈同飞　陈玉平
　　戴玲玲　丁　峰　丁　苓　丁鹏华　董楠楠　方春辉　顾　汀
　　关毅鹏　韩　力　韩垠屏　何　斌　和丁丁　贺　佳　洪思遥
　　胡益圆　华　进　黄佳彦　黄清瑶　黄　荣　黄思源　黄　焱
　　Jerom　琚　宾　赖益萌　李丹锋　李　静　李乐嘉　李婷婷
　　李婉霖　李　伟　李　娴　李振宇　梁志豪　刘　琳　刘伟伟
　　刘文婷　刘星百　刘　洋（上海然道设计事务所）
　　刘　洋（上海天夏景观规划设计有限公司）　吕　峰　马海依
　　马家俊　倪兢兢　聂方达　Nico Willy Leferink　潘丽琴
　　钱雨馨　全白羽　阮俊博　RJ　邵治文　沈　恺　沈若玙
　　苏　奇　孙刘振　孙益赟　唐静燕　陶　曦　童　明　万　冲
　　汪西亚　王贝贝　王　超　王　承　王涤非　王红军　王坚锋
　　王　琨　王　倩　魏松华　吴　翠　吴佳沁　吴嘉鑫　吴　帅
　　吴燕萍　吴岳啸　伍颖琳　肖海露　肖晓炼　谢高皓　徐陈明
　　徐意俊　许施瑾　薛飞翔　杨　红　杨慧芬　杨晶晶　杨靖宇
　　杨丽娟　杨　艺　姚　栋　叶李洁　叶之凡　于冬亮　袁　烽
　　袁子燕　张　斌　张伏波　张海丽　张　雷　张瑞利　张　夏
　　张　顼　张莹颖　张愚峰　章　程　赵川石　郑光强　周渐佳
　　周　菁　周志敏　周子鑫　朱胜萱　祝晓峰

参　编：
　　殷清眉　秦楷洲　裴祖璇　邹海燕　王　怀　程　鹏　任超群
　　霍　伟　罗圣钊　范凯丽　商萌萌　吴德鹏　孙逸洲　龚　宇

沪上乡居设计观

常 青 CHANG Qing

中国科学院院士
同济大学建筑与城市规划学院
建筑系教授

"上海"一词最早见于北宋郏亶的《吴门水利书》中的"上海浦",这个地名也喻示了上海乡村的风土景观及其文化地理背景。从语言学的民系方言区划分可知,上海属于"吴语方言区－太湖片－苏沪嘉小片",兼有江左(江东)地域文化特质,其传统建筑谱系亦可归为苏州"香山帮"的衍生支系。

旧时上海的乡村传统聚落,多以凹式三合院和绞圈式天井四合院为基本构成单元,形成与水乡地景相契合的聚落布局及其空间肌理。这些聚落建筑多为穿斗—抬梁的混合式结构,一般明间为叠梁式(抬梁),两侧间架则为立帖式(穿斗)。单体建筑除了悬山和硬山顶,黛瓦粉墙,侧墙多见观音兜封山,间或有徽式马头墙。尤其是四坡顶的"落库屋",屋脊曲率颇大,可看作上海乡村农舍的经典缩影。闻名中外的上海松江方塔园中,有一座20世纪80年代冯纪忠先生领衔设计的"何陋轩",便是以"落库屋"为创作原型的。

改革开放以来,上海的乡村聚落发生了翻天覆地的变化,如今上海的城镇化率已达90%左右,比全国平均指标高出很多,接近国际水平的上限。特别是在新型城镇化和乡村振兴的浪潮中,乡村聚落正以"保留""平移""上楼"等方式进行土地资源和聚居状态的调适和再平衡。因而从水乡地景和聚落的结构、肌理看,虽然上海的乡村特征依然可辨,但是原地保留的聚落建筑大多已由农家在宅基地上翻建改造,原汁原味的农舍保留无多。也正因如此,迄今上海的国家历史文化名镇、名村只评上了13处,国家级传统村落也仅被认定了5个,与同为吴语方言区的江浙一带乡村聚落是不可比拟的。因而上海的乡村聚落及景观演进,必然要探索一条适应大都市郊野风土特征和风貌特色的创新之路。

就总体而言,可以说上海高度城镇化后的乡村聚落,已经或正在走出农耕语境的乡土,其建筑风貌可有至少三个分期和三种分类。一为20世纪80—90年代留下来的翻建传统农舍,以灰瓦坡顶及水泥砂浆抹面墙体、铝合金门窗,简化的卷曲脊饰等为显著特征;二为新世纪前后上海欧陆风时期那些简易模仿的洋楼,以彩色机瓦坡顶及瓷砖装饰墙面,不锈钢门窗及护栏等留下印象;三为近年来一些由专业建筑师设计的新风土建筑,在材料、工艺和审美上更具现代感,已接近现今较高品质的城镇建筑。

综上,要在这样复杂多样的时空演进背景下开展上海的乡村设计探索,首先必须区分对象,聚焦问题,服务需求,量体裁衣,然后才有可能做出具现实可行性的创意设计方案,而弄清为谁设计应是必备前提。譬如,是农家自用,还是租赁或民宿?是居住社区,还是观光景区?抑或二者的混合体?等等。至于建成遗产类的传统聚落,必须以法律、法规和专项导则为约束条件进行再设计。对于平移或新建的乡村聚落,则应在地景、尺度、肌理和场所感等方面,与城市居住社区、商住综合体及其建筑的规划与设计相区分,以免造成城乡建筑和景观风貌的趋同化。

总之,上海的乡村设计方兴未艾,推出垂范全国的新风土聚落设计样板,对建成环境设计既是机遇更是挑战。一言以蔽之,这样的设计应能在几个方面体现出在地的场所精神,可将之概括为:中国当代的、上海韵味的、与古为新的、融入地景的、田园风光的……从连续两届的上海乡村设计大赛成果看,组织有力,方向对头,立意新颖,手法多样,其中的优秀方案应已具备实施条件,有望成为乡村设计的示范样板,让我们翘首以待。

目 录

住宅篇

生态修复及景观艺术篇

T
heoretical Exploration

理论篇

关于乡村设计的基础性思考

栾峰　LUAN Feng

博士，同济大学建筑与城市规
划学院教授
上海同济城市规划设计研究院
中国乡村规划与建设研究中心
常务副主任
中国城市规划学会乡村规划与
建设学术委员会秘书长

乡村设计的热起仍然是个新鲜事物。仅几年前，到乡村开展设计工作，似乎对于职业设计师而言还是非主流甚至不入流的事情。转眼间，却是越来越多高水平设计师积极走入乡村的新局面，各类媒体上的网红乡村设计作品也开始应接不暇，当然争议的声音也更为响彻。

乡村设计的热起，毋庸置疑与乡村振兴国家优先战略导向紧密相关。数万亿计的资金，相当部分以各类项目方式投入到乡村地区，加之各级党政领导的高度重视，乡村地区的设计工作量明显增加，而高品质的作品自然需要高层次的设计来支持。至于质疑声，不妨将其视为良药，敦促大家来思考，什么是乡村设计，什么是好的乡村设计。

一、乡村设计的对象

理解什么是乡村设计，众说纷纭的早期阶段，个人以为需要从对象、目的、工具方法等多个方面入手。相对于乡村规划以国土空间布局为基础强化整体性的统筹布局和引导规范发展建设行为，乡村设计主要通过确定乡村地区的整体风貌特征和目标，统筹各类建设活动的设计要求，来维护和提升乡村地区风貌、优化乡村人居环境的整体空间品质。乡村设计与乡村规划具有统一性，又因专业实践的发展在现实中各有侧重。

基于当前实践中的一些突出问题，需要特别强调的是，乡村设计不能仅仅局限于附着于建设用地上的居民点内（村落内部），而是必须扩展至广袤的乡村地域，因为后者才是决定乡村整体风貌特征的地域空间。因此，无论是已经为大家熟知的山水林田湖草沙，还是村落内部，可以说无一不是乡村设计的工作对象。但是值得着重强调的是，工作的真正对象并非前述中的单一要素，而是它们相互关联所构成的整体特征。鉴于乡村地区的建设发展特征，乡村设计的方法，通常也不是以大肆的增量建设为主，而是在发现和明确地方特色风貌的基础上，以预防破坏和局部改善提升的手法为主。

作为日趋独立的工作，乡村设计至少在狭义上，还必须区别于具体的工程项目设计。乡村设计为具体的工程项目设计提供引导规范，而不是替代其工作。这与城市设计是设计城市而不是具体的建筑物异曲同工。

作为原则，乡村设计师应当从更为综合性的角度出发，引导自然环境品质的提升和社会经济活力的导入，从而让设计工作发挥更大作用，以尽可能小的代价来实现更为宏大的生态、安全、风貌、经济乃至社会的需求，为此尝试提出下面几个良好的乡村设计的原则。

二、良好的乡村设计，应当在尊重传统的基础上积极引领建造进步

除了一般性的应当遵循安全、经济和实用等原则，正如我们在很多实践中所看到的那样，如何更好地与当地的环境、材料和传统建造技艺，甚至建造方式和过程相结合，是乡村设计最为重要的维度。

当然，乡村设计并不是要一味地重复传统，而是在继承其精髓的基础上，根据时代发展需要来引领设计建造发展。譬如很多地方仍然存在着人畜混居、户厕基本卫生不达标且远离宅院，以及厨房和卧室不分存在安全隐患等现象，都必须加强设计研究提出切实可行的引导性要求，引领传统建造方式革新，以符合更高的卫生、安全，乃至社会文明的需要。

然而遗憾的是，现实中我们经常可以看到因为缺乏了解和尊重带来的破坏，能够经常看到拙劣地模仿历史传统，以及盲目挪用城市规划建设技术方法和规定带来的荒谬结果，这些都应当在设计工作中予以切实避免。

三、良好的乡村设计，应当在保护的基础上引领乡村风貌优化

良好的乡村设计工作，必须以尊重和保护乡村风貌特色为基本出发点。为此需要在设计的前期开展认真的调查工作，分析提炼乡村风貌特征并明确其未来的共同导向。相比各级历史文化名村和传统村落在这方面的努力，一般乡村地区的工作更为滞后。

但是乡村设计的目的，不是要将乡村风貌恢复乃至凝固至某个特定的历史阶段，优化的方向应当是在明确共同导向和强化既有特色保护的基础上，尊重当下的技术和方法，让每个时代都为未来的历史风貌做出应有的贡献。

必须指出的是，当前乡村地区一些流行的"网红"作品，同样应当纳入乡村风貌的整体优化导向下，并且经受历史的检验，而不是相反地将其作为风貌优化的导向。

四、良好的乡村设计，应当在设计过程中积极推动乡村集体组织发展

在我国的法制下，乡村施行村民自治，这决定了乡村风貌的导向必须村民说了算，而且乡村建设工作也不像城市那样以日益细化的分工为基础。因此，无论是作为乡村设计目标的风貌特征的共识形成，还是经由各类工程设计及建造而推进的设计实施，都离不开村民的参与和村民集体议事能力的提升。

因此，乡村设计的编制和实施过程，天然的就是乡村集体组织能力提升的过程。特别是在乡村集体能力因为快速城镇化进程而普遍衰退的宏观背景下，乡村设计的这一基本特征尤为重要。经由乡村设计的过程，有意识地引导和扶助乡村集体组织的发展和能力建设，这项工作的意义，甚至比看起来优美的乡村风貌的形成，更为重要和本质。

在当前的时代背景下，把乡村设计活动，自觉地作为促进乡村集体组织建设的过程，尤为重要，也是乡村设计实施最为基础性的保障。

"往后看"还是"往前看"——从上海郊区的乡村设计谈起

王海松　WANG Haisong

上海大学上海美术学院教授

迈向卓越全球城市的上海应该拥有什么样的郊区？这是值得建筑、规划学界深思的问题，也极富理论探索意义和实践难度。近四十年来的高速城市化进程，使中国许多大都市郊区发生了剧烈的变化。坐拥都市辐射红利的都市郊区，经济发达、信息畅通、交通便捷，享受现代科技较便利，但遭受现代文明的冲击也较大。因城乡人口流动和经济社会发展要素重组带来的急剧变化，使都市郊区的农田、林地、水体面积被蚕食，生态屏障功能渐失。一些地区大拆大建，照搬城市小区模式建设新农村，简单用城市元素与风格取代传统民居和田园风光，导致乡土特色和民俗文化流失。

早在 1994 年，吴良镛先生就提出了融城市与乡村为一体的"整体思想"，并提倡在保护自然环境的前提下寻求城镇群体的集中与分散规律。2003 年，中央在农村工作会议上提出了城乡统筹发展的策略；2013 年中央城镇化工作会议也明确"要提高城镇建设用地利用效率；按照促进生产空间高效集约、生活空间宜居适度、生态空间山清水秀的总体要求，形成生产、生活、生态空间的合理结构"；2014 年国务院颁布《国家新型城镇化规划（2014-2020 年）》，指出要率先在一些经济发达地区实现城乡一体化，就要合理安排"农田保护、产业集聚、村落分布、生态涵养等空间布局"，防止城市边界无序蔓延；2019 年完成修正的《中华人民共和国城乡规划法》也指出："应当遵循城乡统筹、合理布局、节约土地、集约发展的原则……保持地方特色、民族特色和传统风貌"。

受"城镇化"和"乡村振兴"战略双重推动，大都市郊区发展既蕴含潜力又面临困境。在"城乡一体"的思维下，我们明确了都市郊区的乡村地带与都市城区的互补关系，厘清了它们作为"共同生命体"的依存关系，也明确了不能将城市建筑的设计方法，简单沿用于乡村，将"城乡一体"演绎成"城乡一样"。

按照最新公布的"上海2035"城市总体规划，上海乡村是"建设生态文明的主战场、长三角江南田园文化的集中展示区、承载上海科创中心建设的重要战略空间"。未来的上海乡村空间，不仅仅是广大农民（包括新农民）的生产、生活和创业空间，也是广大市民品味江南水乡文化的体验空间。作为江南的一部分，上海的乡村地区大部还保留水系。水系、农田、林地、乡居聚落是一有机整体。水系滋养了农田，也串联了村落、集镇；村镇依附于水系，又背靠农田、林地；林地藏风聚气，给村庄提供了屏障，为乡居村落稳固了水土。与江南其他区域不同的是，因用地紧张、资源有限，上海乡村民居讲究用地集约、用料紧凑、尺度小巧；因外来商户、手工业者较多，各地文化、风俗的交汇使上海乡村建筑呈现出自由混合、杂糅共生的活力。

基于上述背景和定位，近年来的上海乡村设计呈蓬勃发展之势。许多优秀作品从水乡环境、江南民居形态与匠作技艺出发，偏于对传统建筑文脉的挖掘、继承，还有一些作品则锐意创新，大胆引入现代建筑技术，偏于创造面向新材料、新做法的现代建筑语言。上述两种设计思路具截然不同的创作取向，前者偏向于"往后看"，后者偏重于"往前看"。

处于国际化大都市的郊区，上海的乡村设计应该"往后看"还是"往前看"？这是一个值得玩味的话题。

从城市基因上来看，上海是一个有很强创新精神的城市。开放、包容的心态，使上海人勇于尝鲜、敢于与众不同，积极"往前看"。当然，上海人乐于创新的另一个原因是，现代文明的长时间浸淫造就了高度发达的科技、文化，各项发展受传统文化的束缚相对较小；从上海乡村的底色上来看，上海的乡村地区脱胎于江南水乡，其水乡村镇最初大多沿河而起，其乡村建筑大多"以院为元"，呈院宅相生、朴素自然之态。江南民居的精巧、秀气与"五方杂处"的交融、杂糅共同谱写了城市建筑的主旋律。因此，"往后看"对于挖掘上海的城市文脉，涵养城市底蕴也很有意义。

在本书收录的案例中，依托"往后看"寻找设计语言并取得良好效果的作品有不少。如嘉定区华亭镇"乡悦华庭"康养项目以精致的巷院结构组织空间，立面呈浓郁的中式民居风格；金山区枫泾镇莲锡乡创书院由原莲锡庵改造而来，建筑师保留了原木构屋架和观音兜山墙，具典型的江南韵味；嘉定区华亭镇联一村安置房项目，以传统民居的粉墙黛瓦、错落形体、院落组织为建筑语言，追求与地域环境的契合。

立足于"往前看"设计逻辑的成功案例，本书中也有很多，它们多以现代语言塑造了几何形态丰富、细部考究的建筑形态。如嘉定区安亭镇向阳村接待中心以装配式轻钢结构体系和工业化预制建材，干净利落地完成了建筑，塑造了语言独特、构造精巧、功能合理的乡村建筑；奉贤区庄行镇浦秀村"三园一总部"项目则以富想象力的几何形体组合，构建了独特的"取景器""取景框"，将乡村景色引入建筑；宝山区罗泾镇海星村"江海之星"蟹逅馆以饶有趣味的灵动弧形造型呼应了水面，塑造了能与乡村环境有机对话的现代乡村建筑。

当然，有相当部分的优秀作品兼顾了"往前看"与"往后看"，以现代构造体系对传统建筑语言进行了转译。如崇明区三星镇新安村稻田驿站项目，以崇明传统的"环洞舍"民居为原型，注入了展厅、会议、茶室等新功能，独具匠心；奉贤区庄行镇鱼沥村英科中心以虚实相间的钢网片包裹围院式坡顶建筑，与周边树林的关系显得若隐若现。

总体来看，近年来上海乡村设计的成功实践中，"往后看"的比例略占多数，它们多有坡屋顶、白墙、错落的体块、尺度宜人的庭院，与乡村环境中的水系有良好的关系，形式语言偏传统；而少数具超前意识的乡村设计往往依托新体系、新材料，在兼顾空间尺度、生态逻辑的基础上挑战新的造型，大胆尝试新的乡村建筑语言。

相信在未来的上海乡村设计实践中，立足于"往前看"，或适度兼顾"往后看"的"往前看"实践会越来越多，越来越成功。

浅谈基于地方特性和开放式业态的乡村公共空间设计

夏　莹　XIA Ying

上海新外建工程设计与顾问有限公司董事总经理

有幸参加了本届上海乡村振兴示范项目作品集的案例遴选工作，非常惊讶于上海的乡村设计实践已经蓬勃地开展起来并且达到了相当高的水平，很多优秀的设计师拿出了大量优秀和成熟的作品。碰巧这两年我自己也在参与不少乡村项目的设计实践工作，看到了同行的成果和作品之后，对比自己的工作心得，钦佩之余，也想谈谈自己的一点浅见。

乡村设计在设计领域里，曾经是比较边缘化的。尤其近二三十年，中国的城市化进程如火如荼，人才和资源大量地往城市倾斜，乡村的发展远远滞后，成了一个宽广的"被遗忘的角落"。好在随着城市化程度的日益加深，国民经济的长足发展，乡村的滞后问题日渐进入政府和社会的主流视野。随着越来越多的资源投入，越来越多的优秀人才参与，乡村的广阔天地正在成为设计领域中，市场和行业发展的主要舞台之一。

中国文化的根基在乡村。在漫长的历史里，田园乡村一直是中国人的心灵居所，而中国人"天人合一"的居住理念又塑造了独具特色的中国传统乡村建筑及人居环境，再融入诗书画等文化领域中，成为中国文化的重要组成部分。可惜近百年来，种种因素造成乡村面貌的巨大改变，原本在诗书画里的美好田园渐渐失去原有风貌，不见踪影。幸运的是，新时代的民族复兴进程给我们的乡村发展带来了极好的机遇。利用好这个机遇，把乡村设计好建设好，使得乡村成为既能传承传统文化，又能体现新时代风貌的场所，会是塑造我们文化自信的重要组成部分。

乡村设计这个题目太大，限于能力，无法做面面俱到的阐述。只好结合一些自己的实践经验，浅谈一下对于乡村公共空间设计的一些思考。

作为一名设计师，做设计之前，第一个要搞清楚的问题通常就是，我在为谁做设计，他们对我的设计成果有什么样的要求？在城市建筑设计里，这个问题通常不是问题，每个项目都由有经验的业主提供详尽的任务书，主管部门也有细致的各类规划和要求。但在乡村，这个问题经常变得模糊。因为建设方和设计方通常对于乡村公共设施都缺乏足够的经验，对于乡村公共设施的主要使用者，也就是乡村居住者的生活和需求缺乏足够的了解，往往使得设计目标和功能业态的设定变得缺乏基础。

这两年有一档火爆的视频节目"梦想改造家"，节目找一些名设计师来为普通的老百姓改造居所，提供通常非常有视觉吸引力的改造设计。节目的最后，往往是业主回到改造完成的居所，惊喜连连，热泪盈眶，设计师也是很欣慰，大家看起来皆大欢喜。但后来看到一些后续报道，一两年之后再去回访那些曾经美轮美奂的改造居所，却发现设计师的很多设计想法，渐渐地被日常生活所侵蚀，美好的环境重新回到杂乱和庸常，并没有如当初所想象的那样能通过设计来为业主创造崭新的生活。

当然，如今是个注意力经济的时代，很多设计只考虑拍照是否有网红效应，能不能获得朋友圈的点赞和转发。至于功能和设计的合理性，似乎变成次一级的需求。赢了吆喝却没有为业主解决合理使用功能的情况，在乡村设计案例里也有很多。在我们遴选上海乡村设计优秀案例的过程里，发现有两类项目占了很大比例，第一类是完全把一个城市网红建筑搬到了乡村，变成一个空降在乡村中的城市飞船，拒人千里，格格不入；第二类是努力从形象上想要融入乡村，色彩语言装饰都贴近现有建筑环境，但是内部功能却仍是一个根据城市生活习惯想象出来的业态布局，或者干脆是供城市游客来乡村游览的服务中心。不管是哪种情况，这些设施的实际日常使用者乡村居民的需求，都很大程度被漠视了。

诚然，如今的设计师，都很少有乡村生活的经验。对于乡村公共设施需要为当地居民解决怎样的问题，实现怎样的功能，基本只来自于浮光掠影的调研和天马行空的想象。然而对于一种生活方式的理解，却往往需要长时间的浸润和实践经验的积累。因此乡村设计中，不接地气的情况估计还会存在一段时间。这个问题在我自己的项目实践和调研中也都有遇到并经常思考。有一些粗浅的建议，或许可以供同行借鉴参考。

首先，功能和业态的设置还是需要强调地方生活特色。虽然乡村生活的方方面面很难去完全吃透，但作为敏感的设计师，一个局部乡村的环境，生活，以及文化特征，还是有可能被一双经过训练的有审美和文化识别能力的眼睛在短时间内发现的。这部分特色内容既然能在外来者的短期调研中突显，则必定也是这个乡村区域可以与其他地区区别开的。在设计中强调这部分地方生活特色，可能就在设计中能起到提纲挈领的作用。比如我很喜欢的一个乡村更新项目，皖南黟县碧山乡的工销社。皖南的乡村可谓中国乡村环境的经典模版，自然和建筑环境都得天独厚。工销社是在一个乡村供销社大院的基础上进行改造的精品乡村民宿。设计师注意到了碧山乡有很多中老年黄梅戏社团，于是在工销社的内院，设置了一个小小的楼阁式舞台。这个舞台既是客人可以舒服地休息晒太阳的场所，在很多周末的晚上，又成了当地黄梅戏社团的演出场地。村民和游客在院子里济济一堂，外来的客人感受了乡村生活和本地文化，村民们得到了活动场地和演出机会，一个小小的舞台，让大家各得其所。

其次，在乡村公共设施的业态布局和功能设置上，如果没有成熟的想法，不妨多设计一些开放和灵活的空间，让人们能够轻松进入空间并且自行去创造生活场景。乡村生活悠闲和目的性弱的特点，提供了当地居民很多闲暇的时间。这种闲暇的状态和城市居民时刻保持目的性的生活状态是有很大区别的。有时候，只要提供一个舒适便利的场所，很多有趣的乡村生活内容就会自然而然地发生。我近年在吐鲁番葡萄沟青蛙巷设计了一个八风谷民宿项目。在民宿的后门口有一片小小的开放场地，其实本来是预留给布草和货运交通的停车场，但由于多数时间都空着，周边又有一些花坛和矮墙可以坐，于是一到下午，就有一些维吾尔族大爷聚集到这片小场地来抽烟，聊天，下棋，有时候还会带上乐器来即兴唱歌跳舞，成了非常有文化特色的生活场景。民宿的一侧还有一条很窄的小土路，是当地小学放学时孩子们踩出来的一条近道。原本打算跟社区商量把这条小路封闭掉，但后来反复思考还是决定保留并且整理改造这条路。平整路面之后，在路侧的古桑树林下面，布置了一个开放的木平台和一些简单的户外桌椅。后来，放学的小孩子们就很自然地在平台上停留下来，玩耍，做作业，打打闹闹，也成了一处有意思的场所。在这些实例中，预留的灵活开放空间都自发地产生了内容，于是游客体验到了特色生活场景，而当地居民也得到了生活和娱乐的便利。

中国的乡村设计是个宏大的课题。在目前只能算刚刚起步。要让乡村成为与现代品质乡村生活相适应的人居空间，继而重新成为中国人的心灵故居，成为传承和弘扬中国文化自信的载体，包括设计师们在内的从业人员还有漫长的路要走。但是，既然已经有这么多优秀的设计师投身到这个领域里来，政府和市场的资源也在不断地向这个领域倾斜，相信整个行业的水平会迅速发展。中国乡村设计的未来必定会非常美好。

关于上海乡村
风貌设计的思考

卓刚峰　ZHUO Gangfeng

华建集团历史建筑保护设计院
常务副院长

当下，受到政策导向和互联网传播力的影响，乡村建筑项目的建设成果备受关注和重视。尤其是其风貌设计，在大众的观念和政府部门的管控中，无法回避其和传统风貌的关系。乡村的传统风貌，在每个人的心中有不同的定义，因观者成长时代的差异、美学认知的差异、情感寄托的差异，乡村的传统风貌在每个人心中有不同的投射。

在这一次的作品专辑中，可以看到建设方和设计方对呈现乡村风貌做出的努力，尽管囿于各种资源条件的限制，源于不同的思考维度，每个项目采用了不同的设计手法，但都是在当下时代背景下有益的探索。

乡村风貌的设计，并不是单一问题的提出与解决，而是涉及经济、规划、功能、美学、材料、建造、历史、民俗、生态等一系列的影响要素。复杂问题的研究范式，应该是多元包容，没有唯一答案，而是存在多种符合逻辑的可能性。

研究这些乡村建设项目对地域和传统风貌的研究和呼应，我们可以尝试去分析其设计思维路径的缘起、推导和实践。我们可以尝试讨论把最终呈现的效果反推其设计的出发点与思考方式，分析其内在的逻辑关系。

从本次作品专辑的优选作品来分析，可以看到处于不同层面的设计思考：

一、传统建筑语言的可视化手法成为风貌表达的基础

从大多数项目的设计语言来看，黑白色彩搭配、深色坡屋面已经成为基本的建筑设计标配语言。相较目前乡村地区大量存在的平屋面、西式尖顶，还有大量杂糅的各色材料饰面，黑白色系和坡屋面作为传统乡村深入人心被广泛接受的符号象征，被认可为传统风貌表达的可靠保障。从实际运用来看，以小青瓦为主的坡屋面，仍然是解决基本建筑屋面防水排水和保温隔热的经济有效的方法。白色涂料为主的墙面处理，解决基本的墙面防水，造价经济，易于养护和施工，同时解决了与各种其他建筑部位材料色彩搭配的问题。这两种手法，从实际功能和心理接受两方面，都将是江南乡村风貌的主基调。

除此之外，有的项目也运用了多层批檐、花饰栏杆、隔断挂落等非常具象的传统建筑语言来表达乡村风貌。这些建筑语言，大多数简单沿袭了传统建筑的一些装饰元素，对应于现在并无任何功能应用，而且会增加造价、施工难度和周期。有些增加的建筑构件的构造处理不到位还会造成渗水、开裂等隐患。这些传统的建筑构件往往与建筑整体现代的形体语言很难协调，存在着为传统而传统的牵强。

同时，乡村传统并不等同于中国传统。由于乡村常年被定义为和城市相对的概念，和城市的西方文化的进入、现代化形成对比，由乡村建筑和景观构成的乡村风貌，往往在潜意识中和历史、传统联系起来，继而造成乡村被定义为传统的，中国的。在很多项目中，除了传统江南民居的粉墙黛瓦被作为乡村传统的特点拿来使用，很多非江南乡村地区的中国传统建筑元素，也被充当了乡村风貌的代表。例如常用于官式建筑的翘角飞檐，常用于园林建筑的游廊轩榭、月洞门，常用于富庶大宅的雕花挂落，常见于徽州地区的风火山墙，广泛应用于上海的乡村建筑设计，使得传统体现出当代的杂糅。

二、风貌设计开始提升到乡村文化意象层面的表达

除了一些具体的材料和设计语言符号的应用，很多乡村设计还尝试运用了不少传统文化意象的语言。例如较为人熟知的是王澍先生在中国美术学院象山校区设计中用山水长卷的意象设计了连绵起伏的屋面，用中国画的山水写意，来唤起人们对中国传统山水的情感。孟凡浩在东梓关村的立面设计中，也借鉴了吴冠中先生画作的江南意象。因此很多项目设计中，都用了山墙屋面连续大弧线的设计手法，也有了前述两个知名项目设计语言的影子。不论是否受到其影响，都是提升表达层面的尝试。

在融合自然山水意象的同时，要注意应用的场景和结合实际功能。山水意象，需要有大片连绵的屋面形成连续感。吴冠中先生的国画水墨，也是由传统村落因地势和气候形成的成片聚落的民居屋面而成。简单地将连续的弧线屋面照搬到一两个公共建筑或者居住建筑上，并不能体现前述的意境。传统的曲线屋面承担着排水和结构的功能，大木作传统做法的升起举折自然形成了优美的屋面曲线。当下的混凝土屋面塑造曲线屋面有一定的难度，在材料工艺上也需要有更合理的变化运用方法。

三、风貌设计的时代焕新要吸取传统建造智慧，适应发展的建造逻辑

专辑有相当的设计作品，并没有采用传统风貌的设计语言，也没有去刻意塑造传统的文化意象，但是其整体风貌还是让人感受到了乡村的韵味。其根本原因在于设计师遵循了最基本的设计方法论，认真扎实地研究了项目所在的地域、环境、文化、历史，结合在地的建设流程、材料选用、构造工艺，自然成就了一个有乡村性的作品。比如，黄桥村村民活动中心、水库村综合为老服务中心都是这样的范例。

当我们谈起当下乡村建设项目需要提升风貌的时候，往往定义为延续原来的传统乡村风貌。但是传统的乡村风貌有两个特点：一个是它的时间性，风貌的形成是几十年甚至上百年的发展过程，二是它的生活性，当地的生产生活环境，乡村生活方式和社会组织关系都最深刻地决定了乡村风貌。而当下的乡村建设项目，其建设和更新速度很快，在短时间内要完成风貌的持续更新和重塑，就需要用不同以往的方式去应对。而且不同于历史风貌的形成主要取决于乡村的自建活动，新的建设主体基本是政府和开发商，与以往社会生活方式的巨大差异，也使得风貌需要用新的观念调整和重新认识。

例如，上海的乡村曾经湖荡纵横，乡村生产生活都紧密依靠水，亲近水。枕水而居，桨声欸乃，构成了无数文人墨客笔下江南水乡的乡村画面。历史形成的乡村村落大多和水系发生联系，面水亲水。可是乡村现状并非如此，众多水路河道被填塞，物流交通不再依托水路，生产生活的水资源也依赖稳定可靠和干净卫生的市政管网。水系的利用则

奉贤新强村村民自建房
图片来源：作者自摄

青浦莲湖村新旧对比
图片来源：作者自摄

需要考虑规范性的人身安全、水质控制、防汛防涝、植被养护等系列复杂的维护工作。湖荡水系从原来的生活保障和江南意象，变得不再有具体功能，但如果利用又需要投入解决实际问题，应该量力而行，不应盲目地进行亲水设计，同时充分利用水体的景观特色、生态调节等特点，是更务实的态度。

四、创造属于这个时代的大都市乡村风貌

历史时期，由于建筑科技、地域材料等基础条件的限制，建筑和景观风貌的变化相对受限，同一气候地理区域的乡村风貌仅在一定范围内存在差异。而当代社会的建筑科技水平日新月异，建筑材料、建造技艺呈现多样化、全球化的态势。即使充分考虑当地的历史传统、气候地理等基本要素的限制，建筑风貌的呈现依旧是存在丰富的可能性。

以海星村蟹逅馆为例，一个好的项目最基本的要求是与环境的尊重与和谐，蟹逅馆的设计造型与布局充分运用了坐落在三面环水的基地位置特点，采用具有生态意象和富有标示性和趣味性的圆形平面组合。设计没有照搬当地传统建筑的形式，通过柔和的形体边界、低矮的屋面轮廓融入周边环境。用小青瓦、垒石墙体呼应田园气息，唤起人们对建筑的乡野情节。

类似的项目如渔沥村英科中心、水库村"青年之家"项目，这些建筑置身于典型的乡村环境中，但其风貌形象与传统的乡村建筑迥然相异。除了整体布局、功能流线都充分适应了功能需求外，建筑造型设计又充分与环境对话。尺度与环境相对又融合，内外空间相隔又流动。基于建筑本身的性格需求采用现代材料，体现出大都市乡村可以获得的工业制造与运输便捷的支撑。

检视了各种可能的设计思考，可以提出一个问题：如何认识乡村自身的需求？

我们不妨把当下的乡村看成一个复杂的意识主体，这个主体的自身发展需求是怎么样的？我们是否了解当下上海大都市周边的乡村状态？这个状态不同于历史上阡陌纵横

杭州富阳东梓关村
图片来源：作者自摄

的乡野，不是中华人民共和国成立初期的农村公社，甚至也不再停留在过去几十年的空心化和老龄化。乡村的信息交流和文化需求开始智能化；上海的乡村需要承担城市居民康养和休闲的需求，同时乡村年轻人的生活方式开始城市化，城乡的交流互动需要有新的便利与实现载体；乡村是城市人对乡愁的寄托，但更是乡村居民寻求时尚和潮流的精神家园；乡村的建设需要城市建设的经验教训，可以跳过一定的发展阶段，迅速迈进标准化、工业化、生态化、智能化，乡村需要最好的建设者和设计师。

为此，需要类似这本专辑中众多优秀作品的有益探索，新的乡村风貌即在探索的过程中形成和呈现。

海派乡村振兴中的景观风貌策略

董楠楠　DONG Nannan

同济大学建筑与城市规划学院景观学系副教授

乡村景观是基于人和土地的交互过程形成的复杂体系，是经济、人文、社会、自然等多种现象的综合体现。其外在表现为突出的地域环境特征，其内涵品质体现出风土人情、社会经济、地域文化等诸多人文特质。在本次海派乡村景观案例中，可以看出不同的专业视角、立足于不同的当地条件下，多样化探索大都市区乡村景观风貌提升的努力。

在乡村景观风貌塑造中，不仅需要依据相关建设指南和指导意见，确定乡村景观的规划目标，而且需要结合地市层面的村庄规划导则甚至郊野公园的风貌规划设计导则，保留并提升特定的景观要素品质。全要素的国土空间理解，赋予了海派乡村格局性的总体风貌特色。在本书所收录的景观案例中，不仅包括了优秀的项目尺度作品，而且在示范村的总体风貌尺度也各具特色。林、田、水、路、村，构成了海派乡村风貌的五个重要特征维度，也为在各类基础市政、人居环境、生态治理等专项提升工作中协同景观目标的操作提供了可能。在乡村景观实施营建过程中，由于其技术条件的复杂性，往往难以具备城市景观的精确场地信息资料以及精密化的实施流程管控，对于设计师的设计成果及服务提出了新挑战。在乡村景观中，设计师的任务可以分为受控部分以及不受控制部分。其中受控部分是指按照规划设计落实的现场实施，不受控制部分指的是预留村民自主或参与的营造空间。在不少案例中，不难看出结合设计师驻场甚至合作营造方式，创造出具有当地材料、当地工艺营建丰富性和特色化的多样性景观。相比于城市景观类型，乡村景观营建模式下对于建设成本水平极为敏感，而且建成后的长期维护具有极大挑战性，在这些示范村案例中，可以看出各村力求结合自身特点，以生态可持续的建造方法，尽可能使用环保材料，以低造价、低技术和高效率的方式去进行建设，并且从地方工艺和工匠智慧中学习设计语言和手法。　这些乡村的参与式景观，集中体现在宅基庭园风貌上。通过整体风貌规划和边界梳理后"小三园"实施，前后院更加整洁有序。通过各类可食作物、果树应用，改造后的美丽庭院呈现出　"菜园、果园、花园"交相融合的生活品质。结合房前屋后角落空间的微型社区花园、村民花园等袖珍景观，为乡村提供了难得的共享空间，村民不仅可以在此休闲锻炼，也可以举办一些社区共治的参议活动，促进了乡风文明的提升。值得一提的是，通过农事农耕文化策划活动，结合"农田、农事、农节"进一步构建文化性的乡土景观事件，也是海派乡村示范实践中的亮点之一。场地设施的营造活动与沟通交流的社交活动开展相辅相成。田园临时活动设计结合乡野意趣与独特的季节作物场景，以乡村文化元素作为活动的主题，在地化技术低影响建造临时场地，链接城乡各方资源打造临时营建与周末节庆活动一体的乡村文化事件，吸引了更多的市民和家庭进入乡村，体验国际化大都市中乡村野趣和农事之乐。

结合乡土材料和技术的滨水码头
图片来源：作者自摄

位于公共服务设施内的公益性共享菜园
图片来源：作者自摄

　　海派乡村空间对于上海大都市区的生态空间具有重要的支撑意义。乡村景观提升工作一定程度上与郊野公园建设、土地整理工作、小流域水环境治理、生物多样性保护、现代农业升级转型等工作紧密相关。在乡村景观案例中，可以看到结合生态空间提升和修复特点，开展了以蓝绿基础设施为抓手的生态治理示范项目，已经取得了较好的成效。而郊野空间的生态依托农业、林业、绿化、环境、交通、建设各部门的综合协同，尝试对于郊野景观中的生态空间修复效果进行持续监测，增强郊野景观发展的科学性。在乡村案例中不乏促进乡村地区科普示范工作，展现了大都市区郊野环境景观空间生态修复的最新技术。

　　上海市在郊野公园设计和乡村风貌设计中，明确提出了乡土植物的应用导则，以做到乔木、灌木、藤本、草本及地被等植物进行合理的搭配，达到绿化、美化、优化乡土景观的效果。在构建生态群落时，乡村景观绿化以乔木、灌木、花卉、草丛、作物等各类乡土植物的种植搭配，形成地方特色鲜明的乡土林地景观。除了规划、景观等设计专家团队外，部分工程与技术企业也该积极参与到乡土植物的研究和技术示范中，初步形成了良好的技术示范与转化机制。不过，受到乡村振兴工作开展的时间限制，很多乡村景观示范工作在第一期建设中对于乡土植物的应用还有所不足。应该在种植设计中，尽量避免采用城市化的植物修剪方式。乡村环境中的防护林应进一步提升本地树种比例，增强植物群落中的蜜源和鸟嗜植物，构建良好生境。在乡村行道树的种植上，宜选择耐性强、景观效果佳的乡土树种，村间道路行道树则可以根据各村情况，选用不同的乡土树种或当地经济果木。鉴于上海郊区乡村用地条件的独特性，有必要充分重视垂直群落的布局和设计，树下种植乡土草本花卉。进一步在乡村的街巷风貌提升中，结合回收材料和乡土植物，增加乡村人居环境中的野趣和植物材料语言。

治理后的乡村河道成为吸引市民社群的活动热点
图片来源：作者自摄

结合小流域治理的生态湿地
图片来源：作者自摄

基于生活服务品质提升和新业态导入的乡村景观设计

彭　锋　PENG Feng

上海聚隆景观设计有限公司执行董事、高级工程师

毛兴富　MAO Xingfu

上海聚隆景观设计有限公司总工程师

中国有着几千年农耕文明的历史，而村落则是农耕生活遥远的源头与根据地，传统村落是人类长期适应自然、利用自然的见证，承载着农村人生产生活的点点滴滴，是物质文化和非物质文化结合的共同体，是中华传统文化的重要载体和中华民族的精神家园。

乡村景观是介于城市景观和自然景观之间，有着乡村独特的生产生活方式和文化特色的田园风光。村宅、祠堂、农田、道路、自然河流、林地等都是乡村景观的一部分，洗衣场所、水井、水车、晒谷场、棚架、篱笆等生活风景也共同构成了乡村景观。

上海乡村景观风貌呈现明显的江南特质，拥有独特的乡土文化和景观资源，整体呈现出"凭江临海，河湖浦荡，九峰多岛，水乡田园"的江南水乡风貌特征，但同时也面临着"乡村风貌缺失、村庄空心化"的现象。伴随着上海城镇化的迅速发展，上海村落的空间景观正遭受着多种形式与原因的破坏：由于城镇化建设和农宅拆旧建新导致了自主性破坏、一些传统村落过度商业化开发的旅游性破坏、对传统村落保护力度不足带来的乡土建筑自然性毁损等，而如何建设美丽乡村、留住上海乡愁已成为上海城乡一体化发展的重要议题之一。

乡村景观设计应秉持"遵循自然、有机更新；尊重村民、以农为本；整体协调、统筹规划"的规划理念，立足于村居、村业、村乐、村建、村景、村风，以提升产业、集约空间、优化环境、完善配套，构建具有江南水乡韵味的美丽村庄。

在乡村景观的保护和设计中应主要体现以下五个规划策略：一是尊重自然。乡村景观风貌塑造要尊重原有的地形地貌，顺应自然环境格局，与生态环境相衔接，与自然环境相协调。二是融合生态。在城乡一体化发展的背景下，推进上海郊区的生态文明建设，将村落的发展和风貌塑造融入市域的整体生态功能提升之中。三是有机更新。因循地势、保护提升村落风貌，促进村落的有机更新和乡土文脉的有序传承。四是开放共享。注重乡村地区的开放性，使之成为上海大都市市域生态景观休闲功能的重要组成空间，并推进服务配套设施的共享发展。五是人文创新。乡村景观是人类活动的历史记录以及文化传承的载体，同时也具有重要的历史文化价值。景观规划设计要深入农村的文化资源，如当地的风土人情、民俗文化、名人典故等，通过多种形式加以开发利用，提升农村人文品位，以实现景观资源的可持续发展。

一、基于生活服务品质提升的村落有机更新

1.公共中心

（1）结合广场设置提升空间活力

结合公共活动中心提供集中的活动场地——对活动场进行提升设计，使之能承载村民集会、文体活动、儿童游玩等多种功能。

完善场地空间组织，提升场地形象——通过连廊、山墙、围墙、栏杆、绿篱、镂空花墙或立体绿化、铺地、高差等措施，对中心活动场地进行界定，避免停车区域占用活动空间。鼓励适当增加运动健身等设施，可在场地边缘适当安排全民健身设施，引导健康积极的生活方式。集中活动场地鼓励以硬质铺装为主，绿化采取中心孤植、小型树阵或边角处树荫，并结合设置坐具等设施。铺装提倡使用乡土材料为主，避免过度图案化设计。

保留与利用古井、大树、石磨、水车等废旧物品——鼓励将其巧妙地布置在村庄公共空间中，起到美化公共景观、丰富村庄形态特色的作用。

（2）提供文化空间，实现乡愁传承

围绕公共中心设置乡村文化展示空间，布置文化墙、文化展示馆、文化纪念品店、文化集市等形式的设施以形成文化载体。积极组织开展各类文化节庆活动。结合公共中心举办反映乡情特色的各类节庆活动，进一步丰富村民的文艺生活和民俗传承。

2. 河道水面

（1）疏通整治，河湖水面绿化景观提升改造

对现状河道进行疏通整治。在现状水系的基础上梳理贯通，打通现状断头河浜，与周边水系联通形成贯通、连续的乡村水系网络。对面积较大，可与主要水系连通的废弃池塘应进行整治改造。对面积较小且与水系不联通的废弃池塘可考虑改造为亲水游园、下沉广场与公共绿地。鼓励在村庄入口处、临河道水系处建设人工湿地；鼓励在驳岸两侧、河面边缘种植净水植物，并形成有层次的立体绿化景观。

（2）对沿河护栏、河道驳岸和堤坝桥涵进行风貌整治

对村庄河道原有的水埠口等亲水节点宜以保留并进行必要的风貌提升整治。不鼓励采用铁铸栏杆的硬质护栏，宜采用具有乡土特色的石栏杆或木护栏。对有通航防汛要求的河段，在村庄内考虑建设直立式的人工驳岸；对公共水塘，对防汛要求较低的河流鼓励生态、自然的缓坡设计驳岸，并分段设置亲水平台或台阶，提供散步、交往等亲水活动的场所。无防汛要求的土质护坡鼓励生态、自然的缓坡设计。对于较陡的坡岸或冲蚀较为严重的地段，不仅种植植被，还应采用天然石材、木材护底，以增强堤岸抗洪能力。

3. 村道街巷

（1）构建村落生态道路系统

乡村生态道路的规划与建设主要结合农民生活及农业生产的特点，应采用生态环保的建设方式，将交通、排水、田间活动组织在一起。为减少道路建设对耕地使用的影响，在交通量不大的乡村地区，村道的路面可采用透水性结构，道路两侧边坡可用于农作物的种植。透水路面是一种生态型的道路材料，具有较好的透水性，下雨时能较快消除道路的积水现象，同时有利于还原地下水，保持土壤湿度，维护地下水及土壤的生态平衡。较为常用的透水路面材料有：卵石／碎石路面、透水水泥混凝土路面及透水沥青混凝土路面等。宅间路通常是步行道路，路幅较窄。除常见的混凝土路面以外，亦可采用透水沥青、砾石等透水性较好的材料进行铺装。

（2）丰富沿路景观与合理设置标识

主街应设置路灯、标示以及必要的安全设施，在位置较醒目处设置路灯、标识等设施，避免被树木遮挡，设计风格体现乡土特征。拆除路肩上的杂草，整修沿街建筑立面和围墙墙面，沿街巷两侧种植花草树木，做到环境优美，整洁卫生。同时适当采取乔木、乔灌草、蔬菜等的低矮种植，亦可以考虑两侧院落立体绿化。

4. 村庄绿化

（1）在绿化植物选择上以本土植物为主，同时丰富植物种类

保护现状树木，采用本地植物为主，外来植物为辅。避免单一树种，将种树、植竹、栽果、撒花、种菜相结合，按适地适绿原则，灵活种植。主要道路和河道侧应从景观风

貌营造出发选择以种植树木为主，撒花镶边为辅；在废弃地、无主地、边角地以农作物种植为主；在宅前南侧要以种植低矮植物果树为主考虑视线与阳光；在屋后北侧要以种植竹林、树林为主，兼顾景观和防风。

（2）保留与延续现状林地肌理，适当整理与改造

在现状林地肌理上进行适当补种，将零星、散状的林地通过补种连接整合，充分利用现有成片竹林地、树林的生态及景观价值，保留为主，新增为辅。对集中连片的竹林地、树林进行整理，增加内部路径和设施，整理出活动场地。在尽可能不破坏原本竹林、树林环境的情况下添加石板或木质游步道，同时配建必要的游憩设施。

二、基于新业态新活力的乡村景观

近年来，随着上海经济和城镇化的高速发展，农村的功能和产业结构都发生了巨大的变化，打破了单一的以农业为主的传统村庄发展模式。乡村的新产业模式已较为明显，在长三角区域，乡村地域的旅游、民宿、颐养是较为突出的亮点。充分发挥乡村空间的土地成本与环境优势，结合存量空间的改造利用，提供新型旅游疗养、休闲养老、创新创意、自然教育等功能，形成新型公共平台。

1. 契合乡村旅游发展的乡村景观

乡村产业界限变得模糊，农业逐步向二、三产业延伸和渗透，出现不断融合的趋势，尤其是第一产业与第三产业的融合，有利于农业的产品功能优势和服务功能优势的充分发挥，新型业态主要有以下几种：休闲旅游、体验农业、创意农业等。匹配这些新型业态，乡村景观也应有所应对。

原汁原味：乡村旅游景观一定是依托乡村自然风光和人文历史，必须区别于城市化，不能把城市的工业化、规则化、序列化带到乡村，应融入当地的村落布局，保留原汁原味的乡村景观形态。同时景观需结合在地的文化资源，如风土人情、民俗文化等，通过多种形式加以开发利用。例如道路设计就不能随意把城市道路的行道树、侧平石带到乡村，道路面层也应该是符合乡村风貌的材料，如毛石、溪坑石、片石等，铺地肌理也以自然随性为主；道路排水也应该是符合环保理念，以自然形态的沟渠形式为主，留住水资源。植物设计应该是融入乡村大环境，与周边田野相协调、掩映村舍等的风貌，而不是城市的强修剪、阵列式、现代条块式或西方宫廷式的景观类型，突出乡村肌理，在既有的乡村风貌基础上提升观赏性，增加乡村民俗民风体验，以自然环保、原汁原味的差异性吸引游客。

融合生活：乡村旅游景观一定要结合田野、村落、村民起居习俗，与乡村生活有机融合，是村民一起共治参与的，是具有生命力和无缝的，不做大规模新建改建改造，完整地呈现在地居民的生活方式，同时也是相对低成本操作性高的景观设计。

品质服务：可适度配置游客服务中心，提供信息咨询、形象展示、票务预订等服务。在乡村旅游景区及休闲区内设置指示方向的指向牌、方向标、景区图、交通标志等，以及带有宣传教育作用的各种展示栏、造景标识等，提升乡村旅游的信息完善度。相应的景观设计中体现朴素的乡土特色和标志性。同时要考虑将餐饮、停车、农产品购物点等配套设施和新农村的基础设施结合起来，营造整洁卫生的旅游环境。

2. 体现人文和乡土的民宿乡村景观

民宿倚托乡村存在，只有把准了乡村旅游的方向，做好乡村旅游的文章，民宿才会有机会生存。民宿必须切准乡村特色、切准消费群体，做足乡村自然风光或是民俗风情风貌文章。

在满足生态环境容量、不破坏本地人文特征的基础上，结合乡村观光体验、创新创意产业以及特色文化活动，充分利用存量村居建筑，通过小尺度的改造，适度发展休闲民宿、农家乐等产业类型，完善旅游服务功能。

保留乡土风格：乡村的民宿、庭院、灶具、农具、菜园等都要保留乡村的风格和特色。在院落内种植当地的果树，突出四季特色；栽培蔬菜景观，如丝瓜、黄瓜、毛豆等，在院落内布置水井、传统石磨、农具等。

延续乡村文化：在民宿景观的设计中，需要重点呈现出乡村的场所历史感、延续乡村文化。可结合民宿群设计相应的文化节点，如活动广场、大戏台等公共场所，合理布置休憩设施、健身设备、文化雕塑小品，景观设计凸显地域特色，延续乡村文脉。

配置乡村植物：乡村植物设计中，植物品种需具有乡土性，种植形式需避免单一、呆板、凌乱及人工痕迹，忌用整形灌木，在丰富乡村四季景致的同时，需考虑村民对景观需求的实用性，植物景观的低养护性，乡土记忆的特色性和果蔬需求的经济性。

3. 匹配乡村康养产业的景观设计

康养产业是中国经济发展过程中产生的新产业，是集旅游、度假、疗养、养老等多种服务的综合服务产业，它以田园为生活空间，以农作、农事为生活内容，回归自然、享受生命、修身养性、健康养老、度假休闲的一种生活方式。

康养产业需要一定的规模和多种生态并存，常见以文旅产业为原动力带动酒店、住宿、疗养、养老等多种产业，多产业之间相互独立又相互依存，现阶段常见有景区文旅体验、特色商业街、度假酒店、博物馆、疗养院、图书馆、会堂、合院、公寓等构成，完善的还成立专业农旅公司租用乡村耕地对农业活动进行统一规划生产，形成理想状态的乡村风光。

与周边环境相协调：康养产业借用了传统乡村风光与风俗文化，在景观风貌上势必要与周边环境相协调融合，尤其是公共景观部分，营造来自周边又适当高于周边环境的人文景观风光，以此吸引消费，也同样不能以城市的手法、城市的方式来造景，失去了和城市的差异化自然也将失去消费者。

农业、生态、社区相结合：将农业景观、社区生活与康复颐养景观相结合，景观融于生活。同时可因地制宜，适当改变植物种植和组合方式，强化色彩搭配、功能匹配，使景观空间具备观赏功能、生产功能、康复功能，使康养者活动空间舒缓、身心愉悦。

动静结合设计景观：乡村原生态的自然环境、有张有弛的生活节奏可增强吸引力。在场地设计、人文关怀等方面加强设计引导，通过运动健身、疗养保健等设施的设置，达到康养旅游、健康养生的目的。通过在林地中建设康复中心、森林氧吧，做好设施的无障碍建设和改造。也可设计徒步道、骑行道、服务驿站等，与康养人群的需求紧密结合。

场地、场所、地方
——水库村公共建筑设计小记

王红军　WANG Hongjun

同济大学建筑与城市规划学院建筑系副教授

上海周边乡村的生产、生活已经与大都市紧密相连，然而公共服务设施仍有很多不足。近年来随着乡村振兴战略实施，这一问题逐渐得以解决，同时也为进一步改善乡村地区物质环境品质带来新的契机。

近年来我和团队在西南少数民族村落中连续数年开展测绘、研究和设计实践等工作，深深体会到乡土聚落是一个具有内在整体性的动态系统，人们在自然环境中定居、寻求生计、建造房屋、孕育文化风习，使得乡村景观成为具有多重维度的文化地景（cultural landscape）。

在水库村的几栋公共建筑设计中，我们采取了一系列设计策略，将公共服务设施的功能与场地进行融合，以此来营造特有的场地体验及场所性，这不仅是出于功能组织和空间体验的考虑，也是我们面对乡村环境延续至今的设计策略。基于在上海的设计经验，我们体会到，场地基本条件是设计的开始，从场地的风景，场所的营造，到地方性的呈现，是一个不断深入的思考过程，也是一个值得持续讨论的话题。

一、景观与场地

上海周边的农村，并不像偏远地区的传统村落那样相对封闭。水库村所在的金山漕泾，位于冈身线以西，地势低平，泽渠密布。这样的大地景观，是长时间农业生产与自然环境相互作用的结果，同时也是自然地质条件和社会发展的叠合和一代代人们的劳作、生活在大地上的累积与显现。

在这样的环境中，景观不仅是自然风景，还包涵了多种因素，暗示着地方性。如何将场地特质呈现出来，并形成诗意的地方体验，是设计需要面对的问题。为老中心采用连续的底层敞廊，将人从南侧道路引入，穿过一系列院落后，到达北部的河岸。形成了跨越不同景观特征的漫游体验，强化了场地感知。基地两侧的民宅贴近北侧河岸，呈行列状排列。这是村落宅基地整理和确权所形成的人居景观。建筑主体顺延了这一格局，并没将两侧环境隔离，而是通过空间组织，将周边的农宅纳入院落空间体验中，成为新空间的一部分。

如果说为老中心是通过敞廊空间形成了场地中的漫游体验，青年之家则是大地景观的观察容器。场地靠近村落南端，面向大片的田野和鱼塘，舒缓开阔的水平视线成为这一场地的重要特质。因此，设计将建筑底层内部空间压低，把水平的大地景观纳入空间中，形成特有的场地体验。建筑在田野中通过底层架空而略微悬浮，形成具有雕塑感的外部体量，也成为村落南侧的界石。

二、场所与生活

乡村是"阡陌交通，鸡犬相闻"的熟人社会。上海周边的乡村，生计问题不再是生活的重心。中老年成为村民主体，拥有稳定的生活状态和大量闲暇时间，他们需要贴近生活需求的公共服务和更为完善的公共空间。

几个项目设计之初，公共性就成为思考的要点。乡村的公共建筑不应成为关起门来使用的建筑。因此，我们将建筑的开放变成一种设计策略，从村落外部环境到建筑内部空间，形成连续而无排斥感的体验。甚至在为老中心这样比较强调内向管理的设施，我们也将门禁部分尽量内收，而将接待、餐厅、活动厅等功能采用廊院串联，直接面向村落道路。在民宅的传统类型中，堂屋和檐廊下的开放空间就是村民日常活动的场所，这样面朝外部打开的灰空间，也提供了一种公共交流的氛围。

同样，在村委会的改造中，面向水泾路的原有建筑是村子的公共服务窗口，带有一个朝向道路开敞的外廊，已经形成了一定的公共空间性格和村民认知。设计希望延续并加强这一既有的场地认知，仍旧在此设置村民办事大厅功能，并采用较为高敞的外廊，形成空间的公共气质。经过整饬的内院中，廊子则有意地压低，用连贯的弧线界定了面朝水岸的庭院。通过这样的方式，建筑的改造采用内外两个游廊系统，以轻盈的姿态重新塑造了建筑性格和空间体验。

几栋建筑开放投入使用后，已经成为村民日常活动的场地。为老中心的活动室内人声鼎沸，村委会的外廊也成为村民饭后纳凉闲聊的所在。一方面，开放空间的营造，使村民的活动范围得以延伸；另一方面，也形成了空间类型和使用习俗的延续性。

三、建造与地方

随着当前乡村建设品质要求的不断提升，地方风格与村落风貌前所未有地受到重视。建筑风格特征是地方性的重要表达，而过于标签化的单一风格元素，也会抹去地方建成环境的代际差异和多样性。

上海乡村建成环境经历了不断的演进过程。今日上海乡村民居，已经与传统形制相去甚远，从 1980 年代的三开间砖混外廊，1990 年代的尖顶山花，到 2000 年后多样化的独立墅屋。从传统的石灰抹面，1970—1980 年代的几何装饰水刷石，1990 年代的瓷砖，到今天的石材贴面与仿石喷涂。我们可以看到不同时代的政策影响，大众流行生活图景以及构造和材料体系，并且从中看到代际差异和源自乡村特有社会结构与产权状态的多样性。

这样的变化与延续也给我们提供了设计的参照系。地方性并非固化的风格，而是一个演进中的动态系统。建筑特征来自于地方性传统，也来自特定时代的制造水平、经济条件和文化环境。我们希望建筑能有一种与时代条件自洽的本真状态，也希望能够对地方文化心怀敬畏，在设计中主动采取延续性的回应方式。因此，我们的几个项目设计没有采用符号化的外观做法来回应乡村风貌，而是采用了基于村落环境的建筑尺度、适应当地建造条件的构造体系、符合村民需求的空间组织模式，让公共建筑融入村落的日常生活与文化地景之中。

国土空间规划改革和农村土地制度改革背景下的村庄设计

顾守柏　GU Shoubai

上海市规划和自然资源局
乡村规划处处长

党的十九大提出实施乡村振兴战略后，上海市委市政府在更高层次上审视谋划上海郊区乡村振兴工作，把乡村作为上海超大城市的稀缺资源、城市核心功能的重要承载地、提升城市能级和核心竞争力的战略空间来定位，并要求准确把握超大城市和国际化大都市乡村振兴的特点，在价值取向上，凸显农业农村的经济价值、生态价值和美学价值"三个价值"，在整体布局上优化新城、镇域、乡村"三个空间"，在发展阶段上，认清空间稳定、地位凸显、功能复合"三个趋势"，为乡村规划和村庄设计指明了方向。经过近年来的探索，上海从自然资源统一管理、保护与开发的角度，通过创新开展郊野单元村庄规划编制工作，实施国土空间全域、全要素、全过程的用途管制，通过"规划、项目、资金、时序"整合各类要素，实现了开发边界外的传统规划向国土空间规划的转变。至2019年，上海已率先完成郊野单元村庄规划全覆盖的目标，明确了各乡镇保留（保护）村、撤并村的用地边界和规模，落实了农民相对集中居住涉及的规划安置空间，乡村公共基础设施和产业用地空间，为乡村地区开展国土空间开发保护活动、实施国土空间用途管制、核发乡村建设项目规划许可、进行各项建设等提供了法定依据。

郊野单元村庄规划明确了村庄总体空间结构、功能布局、村域各类用地指标控制和空间管制要求，在此之后的实施阶段，即将面临的是实现精细化管控的问题，这就需要通过村庄规划之下更加详细深入的设计来解决。村庄设计的定位是规划的延伸，是规划意图在项目实施阶段的具体呈现，通过开展以实施和行动为导向的村庄设计，有效地解决村庄的空间形态落地和村庄风貌塑造等规划无法精确控制的问题，并在此过程中注重延续村庄的自然环境肌理，塑造村庄的特色景观、传承村庄的民俗文化等。村庄设计的成果可以包含村域设计、农居点设计和重要节点设计，并形成具体的项目建设安排，最终制作乡村单元村域设计图则，纳入郊野单元村庄规划统一进行成果管理。村庄设计可以在郊野单元村庄规划确定的管控原则和弹性空间下，对规划进行实施深化和调整。

村庄设计与城市设计特点不同。村庄设计与城市设计的实质都是人与村庄或城市环境之间的互动，城市设计更加注重城市空间的形态塑造，市民环境行为特征的满足，社会相邻关系的把控等，但是由于村庄的物质环境具有自然资源类型更加多样、产权情况更加复杂等特点，因此，除了关注空间形态，村庄设计还要在对各类国土空间用途管制、各类不同权属土地使用的政策边界充分了解的基础上进行，既要关注村庄空间形态，也要关注村庄自然生态。此外，乡村独有的社会民俗、文化特征及其未来发展的不确定性，均对村庄设计带来了挑战。

开展村庄设计应熟悉全要素国土空间用途管制要求。乡村空间一般是农业生产和生态保护的核心区域，涉及的地类远比城市中复杂，除乡村建设用地与水域和未利用地外，各类农用地还分耕地、园地、林地等，耕地中还涉及永久基本农田。因此，村庄设计应依据国土空间用途管制规则进行，在严格守住生态保护红线、永久基本农田红线的前提下，通过村庄设计，加强村域层面的空间统筹，对村庄风貌进行系统引导，针对特定地类和田、水、路、林等自然资源的特点，根据国土用途空间管制要求提出空间布局的优化策略和整治策略。对于各类河道开挖、道路建设、农田整治项目、房建项目，都要提前知晓设计实施的路径，例如是否涉及占用耕地、永久基本农田，小型设施和小尺度的用地是否可以按照原地类管理，都有相应的认定和管理口径，设计人员应在充分熟悉管理要求的基础上，推导空间布局和设计的尺度。国土空间用途管制是在规划实施中一种微观层次的约束，设计师需要了解并灵活运用，避免违反政策要求，才能做出可以落地的村庄设计。

同时，村庄设计还要关注生态保护的要求，增加生态科学层面的考量，尽可能减少对生态群落的破坏。例如，在设计中要注重延续和保护村落与自然环境相互依托的特色空间肌理，延续河道原有走向，避免对河道进行盲目拓宽和裁弯取直，强化各类水体的生态环境建设及维护，建设生态化的驳岸沟渠，维护农田原有肌理，保护现有林网格局等，通过建立生态安全优先的景观格局，实现生态保护与风貌塑造的统一。

开展村庄设计应了解农村各类土地政策。村庄设计需要以土地为载体，乡村地区的土地权属情况较城市地区相对复杂，通常兼有国有土地，集体土地，在集体土地中还分镇集体、村集体、组集体等不同所有权的土地，对于集体土地中的宅基地，还涉及所有权、资格权、使用权的三权分置管理，保留村、撤并村规划土地管理的政策也存在差异。目前，为持续深化土地制度改革力度，打通集体建设用地利用全路径，上海在有序探索开展集体建设用地入市和作价入股试点。同时，为加强土地集约利用，针对乡村地区的土地特点，上海还出台"点状供地"的实施办法，从总体上系统性地解决乡村项目用地问题。因此，在开展村庄设计时，必须了解农村各类土地使用的政策边界，根据不同村庄的特点，在设计中处理好保护和建设的关系，结合全域土地综合整治，合理灵活地运用建设用地增减挂钩、点状供地等土地管理政策工具，从保障生态安全、塑造特色风貌，营造良好人居环境的角度去细化田、水、路、林、村、居等各类要素和各类乡村建设项目设计，使整个设计符合国土空间用途管制的要求，达到土地集约节约利用和良好空间效果营造的双赢效果。

从事村庄设计的人员应具备综合的专业素养。有人说，在注册规划师改革为国土空间规划师之后，要求从事规划设计的人员"上知天文、下晓地理"，要求提高了很多，这并非戏谑之词，特别是在乡村地区，面临更加复杂的资源要素和权属情况，对多学科融合的设计人员的诉求更加强烈。今天，在村庄开展实践的设计师大多出身科班的规划、建筑、景观专业，专业的学习和实践场景大多基于城市地区，多数人不甚了解乡村，有些人连"三调"都不知为何物。但是村庄规划和设计不像城市那样有明晰的专业分工，而是更加需要设计人员具备丰富多元的视角。此外，城市中的设计大多是建设需求导向，而村庄是资源保护导向，如何将保护和利用两种思维创新融合，仅仅关注物质空间层面的内容是不够的，还要关注其背后的科学问题、经济社会问题和风俗文化问题，既要对现状问题进行深入解剖，还需对超大城市乡村未来发展方向进行科学预测。因此，从事村庄设计的人员必须要不断拓展自己的能力，不断丰富农业、土地、地理、生态、测绘、公共管理等多学科的知识，与其他专业充分合作，相互学习。同时，设计人员要下沉到村，花大量的时间深入乡村进行调研，充分了解乡村，真正理解乡村，做在地式、陪伴式的村庄设计，才可以做出接地气，容易获得村民认同感的设计作品。

全面构建国土空间规划体系对规划管理和规划设计人员来讲，面临的最大问题是实现"规划空间统筹优化"和"土地指标刚性管控"的有机统一，位于开发边界外的乡村地区，面临全要素、多层次的管控要求，给规划设计人员带来了极大挑战，从"表达理想"的规划设计师转变为"屈从现实"的设计师，伴随的是深深的价值失落感。当前，国家层面推行的任何一项改革创新，其最终目的都是有利于形成科学发展的制度安排和利益导向，随着国土空间规划体系的逐渐完善，设计师的自我修炼和设计实践必定会在广阔的乡村空间上，书写更加美丽的画卷。

江南田园的水墨画卷
——《江村可居》

马新阳　MA Xinyang

中国艺术研究院博士、上海美术学院国画系教师、硕士研究生导师、中国画院特邀画家、中央国家机关美术家协会理事。

何谓江南田园？很多人想起的，恐怕就是烟雨迷蒙、小桥流水、田水相间、村居散落、粉墙黛瓦……

江南田园的韵味，因为水乡田园的宜人环境，也因为历史人文积淀，精致而迷人。江南田园的韵味，也因此吸引了一众大家泼洒笔墨，留下一幅幅精彩画卷。

有人说，江南田园过于平坦，少了山区的背景层峦叠嶂、少了大漠的极目孤烟直升、也少了湖海的水天一色霞光映照，难免有失层次，有失深远……

然而言者可能忘了，江南田园的风光之美，绝非只是一地之视力所及，而是更加讲究居于其间的点滴感受，进而凝聚成脑海中的整体印象。那入画的江南田园名作，无不兼具思想的抽象与印象的提炼。江南田园的风光之美，早已融入了对自然与历史人文的意识。

然而终究时光荏苒，万物更新，江南田园的风光之美，也不可能冻结在历史的某个时刻。在变与不变之间，如何顺应时代，又延续美之精髓，实在需要多费心思。

颇具韵味的中国山水画中，有"三远"法则，即平远、高远和深远，值得揣摩和借鉴。所谓平远，乃是俯视境界；高远，则以仰视来呈现巍峨；深远，则重点体现由前而窥后，增加场景纵深。换作现代语言，可谓以人为本的立体化全方位的风貌营造法则。

因循上海的乡村设计探索，制作"江村可居"，尽可能展现心中的江南田园风光特征。虽无叠嶂山峦，宜可以透过山水一色，渐远的村落，以及点点远帆，让人体会清旷之平远景象；及至近处，蜿蜒的湖荡和溪流，掩映的村落亭榭、翠竹古槐、小桥流水，还有三五幼童和阡陌稻田，以散点透视的手法，随着画卷展开而一一呈现，直至眼前盛开的桃花。加之远处的缥缈景象，构成深远之场景。

（解读：栾峰，裴祖璇）

新安村
永乐村

北双村

塘湾村　花红村
联华村　　　　海星村
　　　联一村

向阳村

徐姚村

莲湖村

张马村

革新村　　　连民村

黄桥村　　同心村
　　腰泾村　　渔沥村　浦秀村　新强村

"白牛乡贤"片区

待泾村　　　　　同心村　吴房村

新义村

和平村　　　　水库村

沈陆村

设计案例所在村庄分布

公共服务设施篇

乡村公共服务设施的体量通常不大，但在提升乡村地区基本公共服务品质和承载新兴经济功能发展等方面，却有着不容忽视的作用。相比住宅等类型的房屋，乡村公共服务设施在形态和材料应用等方面往往更为灵活，也更容易展现出作品个性。因此，随着近年来美丽乡村、乡村振兴战略实施等政策推动，乡村公共服务设施的设计，受到了地方政府、村庄集体、社会机构，甚至一些大牌设计师的关注，设计品质也随之明显提高。一些乡村公共设施甚至本身就成为吸引人流的标志，尽显"网红气质"。

本书收集的作品，都是在近年来上海注重设计介入乡村振兴战略实施的背景下，陆续完成设计并建成的。经过多轮的遴选，在乡村公共服务设施的设计方面，具有一定的代表性，同时也具有较为明显的创新性，甚至部分作品颇具"网红"气质。这一现象不仅有着特定的时代背景，也与作品位于上海有着直接关系。大量有着较高职业素质的设计师，甚至是一些知名设计师的积极介入，对于这些设施的设计品质提升，带来的显然是质的飞跃。位于上海，则为这些设施在功能使用等方面，带来了更多创新性。毕竟，上海对于乡村振兴工作的要求，是"立足于建设卓越全球城市和具有世界影响力的社会主义现代化国际大都市的高度，遵循'面向全球、面向未来'的原则，发挥乡村作为超大城市的稀缺资源、城市核心功能重要承载地、提升城市能级和核心竞争力的战略空间的优势，努力破解乡村发展瓶颈问题，塑造令人向往的江南田园风貌"。

因此，在这些作品中，我们不仅看到了针对乡村基本公共服务承载和品质提升的响应，包括为老服务设施、为民服务中心、村民大礼堂及升级版的各类文化设施等，也看到了面向大都市乡村地区未来发展可能的创新性探索，包括面向旅游和康养的各类服务中心、精品酒店和历史文化体验馆，以及面向双创的各类青创社区及平台载体，甚至还有企业总部等。这些作品的建成和投入使用，对于当地的基本公共服务品质提升和创新经济功能导入，必将发挥出重要作用。当然，在发挥乡村作为"稀缺资源、重要承载地和战略空间"方面的突破性进展，仍然有待进一步探索。

在另一方面，这些作品既未置上海乡村地区的传统建设风貌于不顾，也并未简单地延续传统手法和材料，而是大多在延续历史和创新等方面做出了积极而富有成效的探索，常常有令人眼前一亮的效果。随着政府和更多社会机构，以及优秀设计师的介入，假以时日，相信定会有渐成共识的新江南田园风貌的杰出代表出现。

水库村村民中心
Village Center in Shuiku Village

项目位置：金山区，漕泾镇，水库村
设计机构：同济大学　设计师：王红军，沈若玙，张莹颖，吴佳沁

1. 内院回廊（实景图）

王红军：

同济大学建筑与城市规划学院建筑系副教授、博士生导师
国家一级注册建筑师

主要研究：

乡土建筑，既有建筑保护与再生
近年致力于乡土环境中的建造实践，关注我国乡土建筑的当代演进与适应性发展
主持相关国家科研课题 2 项，省部级课题 1 项

项目概况
Project Overview

场地基本情况：

基地面积：约 6244m^2

基地临界界面（南、北）：44.5m；29.0m

基地临河界面（西）：60.2m

基地临界界面（东）：55.5m

设计范围所属地块是整个村镇的中心，右侧的水泾路是村落南北向主干道；地块上原有 4 栋房屋，包括村委办公和老年活动室。按业主要求，将其改造成为新的村委办公和服务中心。保留建筑面积 1276m^2，新建建筑面积 984m^2。

2. 原有建筑（实景图）

作品介绍
Introduction

设计理念:

　　当前的乡村环境中，村委不仅是管理机构和办公空间，而更多成为村民公共活动和对接社区服务的场所。

　　水库村村委会现状为一组坡顶建筑，包括村委会办公楼、卫生站、老年活动室等。场地西侧临水，东侧是村落主路。建成时间先后不一，整体较为散乱，但隐约可以看出其内部环境潜力。面临东侧主路的长条形体量和连续外廊，已经形成了一定的公共感。

　　经过几个月的现场工作，我们对水库村的场地和人文景观有了更深的认识，并希望在设计中保持建筑和场地的紧密联系。因此形成了几个判断：其一，尽量保留原有建筑，不做大体量的建造，这既是场地策略，也是基于项目顺利推进的考虑；其二，采用空间梳理和整饬的方法，凸显既有的场地景观特征，形成空间性格；其三，原临水泾路的外廊空间，已经形成了公共性和场地记忆，设计计划保留外廊空间，并进一步增强其公共性，形成村民公共中心。廊下空间也成为房屋与外部环境的界面。

4. 东侧村民办事大厅敞廊（实景图）

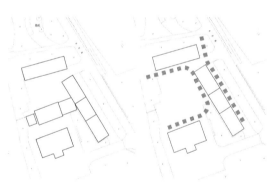

1. 原有体量　　　　2. 体量整理并增加外廊

5. 内庭院（实景图）

3. 一层平面

6. 南侧入口庭院（实景图）

1. 内部院落东北入口（实景图）

实施成果
Implementation

　　设计清理了内部场地，拆除了院落中的一栋附属建筑，形成完整的院落空间，并用两条外廊将几栋建筑连成整体。沿河的内部院落，采用一条尺度低缓的弧形外廊，串联成"U"形的庭院空间。沿东侧主路采用尺度较为公共的开放敞廊，布置了村民办事大厅，保持并加强了公共性。这样，在保留原有主要建筑体量的基础上，用两条附加的外廊形成了建筑的"内向"和"外向"的空间格局。

　　在较低的预算额度内，对原有建筑进行了结构加固和局部加建，避免大量拆除和新建工程。新加部分采用小截面钢构体系，形成比较轻盈的覆盖感。建筑外墙采用浅色涂料粉刷。施工基本达到应有效果。

2. 内院空间（实景图）

水库村"青年之家"
"Youth Home" in Shuiku Village

项目位置：金山区，漕泾镇，水库村
设计机构：同济大学　设计师：王红军，张莹颖，黄佳彦，孙益赞

1.北立面（实景图）

项目概况
Project Overview

场地基本情况:

基地面积: 约 355.7㎡

基地临田界面(南): 30.1m

基地临河界面(北): 23.2m

基地临河界面(东): 13.6m

基地临路界面(西): 13.6m

基地位于水库村南部,西临水泾路,南侧为开阔的农田。基地内原有单层厂房已属于危房,按要求需拆除。"青年之家"总用地面积约 355.7㎡,总建筑面积约 600㎡,建筑密度 97%,容积率 1.69。

"青年之家"项目建成之后将作为水库村青年活动室、驻村艺术家工作室,以及同济大学乡村振兴工作站使用。项目还包括一座公共厕所,服务于将来的郊野公园体系。场地靠近村落南端,面向大片的田野和鱼塘,水平视线舒缓开阔。建筑底层内部空间压低,把水平的大地景观纳入空间中,形成特有的场地体验。建筑在田野中通过底层架空而略微悬浮,形成具有雕塑感的外部体量。

2. 原有建筑(实景图)

3. 基地周边环境(实景图)

作品介绍
Introduction

设计理念:

　　场地位于村落南端，南侧的稻田，呈现出水平广袤的大地景观。建筑成为大地中的雕塑，也成为体验地景的媒介。

　　面对这一特定的场地特征，建筑采用简单明确的几何体量，在大的景观尺度内，界定了村落居住区和田野的边界。场地也成为内部空间设计的切入点，建筑采用了水平开阔的洞口和开放的底层空间，回应这一场所特有的农业景观，也可以适应不同类型的公共活动。相对一层的开放，二层更强调内向性。由于使用方暂不明确，设计采用了三个独立办公空间，各自有内部楼梯，在统一的体量内部形成了别墅式独立办公的状态，便于功能的灵活分配。这是对功能不明确的一种回应策略，也形成了内部空间特点。

　　"青年之家"西边是一处公厕，设计没有采用一般公厕的流线，而是试图营造出园林般的路径体验。厕所取消了门窗体系。采用了开放和自然通风设计，不但有利于乡间日常管理，也形成了特有的景观感受。

1. 底层开放空间（实景图）

2. 底层开放空间（实景图）

3. 建筑南侧外观（实景图）

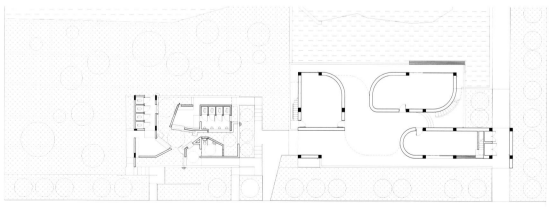

水

4. 一层平面图

实施成果
Implementation

由于整体造价有限，建筑没有采用清水混凝土工艺，而是采用了村镇建房常用的框架填充墙体系，外墙采用白色涂料。这样的材料体系有较大的施工容差，较为适合当地的施工经验。外墙采用水泥空心砌块侧砌，造价低廉且形成了特有的半透明肌理。

1. "青年之家" 二层办公（实景图）
2. 公厕内部景观（实景图）
3. 稻田中的 "青年之家"（实景图）

水库村村民尚品书院

Villagers Shangpin Academy in Shuiku Village

项目位置：金山区，漕泾镇，水库村
设计机构：林泉高致，俊邑建筑设计公司　设计师：李伟，阮俊博，杨晶晶

1. 尚品书院（实景图）

水库村村民尚品书院利用原村旧谷场仓库建筑，改造成为以书院为中心的村民综合文化场所。提供免费阅读书店、国学讲座、文化交流等内容。书院占地面积约1050m²，建筑面积约为570m²，2019年8月竣工。

李伟：

林泉高致文化发展有限公司
创始人、设计总监

阮俊博：

俊邑建筑装饰工程设计（上海）有限公司
创始人、设计总监
亚太酒店设计协会（APHDA）成员

项目概况
Project Overview

场地基本情况：

基地面积：约1050m²，原有厂房占地面积 165m²、41.2m²

基地临界界面（南）：9.3m

基地临河界面（北）：5.7m

建筑面积约：570m²

2. 改造前尚品书院基地（实景图）

水库村村民尚品书院

Villagers Shangpin Academy in Shuiku Village

作品介绍
Introduction

设计理念：

新时代的乡村田园不仅要有良好的生态风貌，更应留住具有地域特色的文化韵味，而乡村公共文化空间就是最好的载体。尚品书院，即是为水库村打造的文化活动共享空间，致力于为当地村民提供文化活动、享受阅读乐趣以及举行公共活动的处所。同时，期待城市居民也能来这里放松身心，让邻里文化得到真正的回归。

建筑亮点：

尚品书院所在地原是水库村旧谷场仓库，在原有的基地面积上加盖及改造而成，采用传统江南民居建筑风格，使建筑与水库村的水乡风情相融。书院坐落于水库村荷花塘畔，朵朵荷花点缀其中，木制栈道延伸至荷塘深处，成为人们亲近自然、闲情逸致的好去处。为了使传承与创新在此共存，书院里设有丰富的藏书和休闲阅读空间，也有能兼容国学培训、茶道体验、分享讲座和会议等多功能空间。

建筑整体设计材料简洁，大面积采用清水混凝土做法，大大节约了建筑造价成本，实现环保可持续发展。

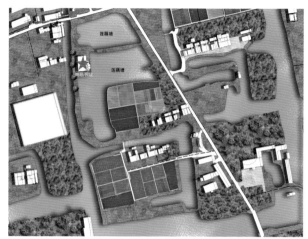

3. 基地平面图

4. 阶梯式观景台（效果图）

1. 建筑模型

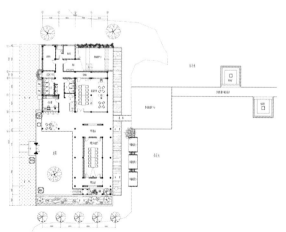

2. 平面图

5. 建筑外观（效果图）

实施成果
Implementation

　　尚品书院一层设置室外庭院，二层设有回廊公共空间，为村民增加更多的共享活动场所；外部设置了阶梯式观景休息平台、书箱式休闲区、下沉式休闲区，创造了丰富的观景体验和更多的休憩空间；书院试图通过空间的组合与合理利用来引导村民回归更多的邻里文化，为打造最美乡村而努力！

1. 建筑外观（实景图）

2. 书院入口（实景图）

3. 书院内院（实景图）

新义村"众创入乡"示范区——莲锡乡创书院

Xinyi Village Lianxi Township Innovation Academy

项目位置：金山区，枫泾镇，新义村
设计机构：上海天夏景观规划设计有限公司　设计师：杨丽娟，吴帅，周菁，刘洋，陈同飞，杨慧芬

新义村『众创入乡』示范区——莲锡乡创书院
Xinyi Village Lianxi Township Innovation Academy

1. 新义村莲锡乡创书院（实景图）

杨丽娟：

上海天夏景观规划设计有限公司
设计总监

主要研究：

景观规划与设计、小城镇环境综合整治、新田园景观、田园综合体、乡村景观构筑物及小品设计

吴帅：

上海天夏景观规划设计有限公司
一级合伙人

主要研究：

景观规划与设计、小城镇环境综合治理、水环境综合治理、田园综合体、乡村公共空间的活化

项目概况
Project Overview

建筑占地面积：415.4㎡

景观设计面积：2664.4㎡

功能业态：莲锡乡创书院、故事基地、亲子活动中心、卫生间

2. 新义村莲锡乡创书院 - 改造前（现状图）

作品介绍
Introduction

莲锡乡创书院前身为莲锡庵，是村民祭祀、集会的空间，曾改建为乡村小学，后荒废至今。当我们着手改造这个空间时，建筑闲置、院里荒草丛生，已经被村民遗忘。设计的初心在于，让莲锡庵重新焕发生机，通过增加功能场所、课程、活动，吸引原住民和游客，为整个村落注入新的活力，同时保留特殊的场地记忆。

设计保留原有建筑，重点在于室内外空间的更新，使之成为一个有机、多元的整体。室内设计以新义村的故事村文化背景为主线，将田园生活的自然美和现代实用性相结合，创造出质朴又舒适的空间，形成三大功能活动空间：故事基地、莲锡乡创书院、亲子活动中心。室外场地里，明朝嘉靖年间的450年的古银杏尤为亮眼，景观设计上为突出银杏的场地精神属性，以此为核心对原有景观进行了简化，拆除原有景观亭等，扩大外部空间。同时利用老门板、木桩制作景观，营造喝茶、交流、吟唱、幕布电影等风格独特的树下场景。

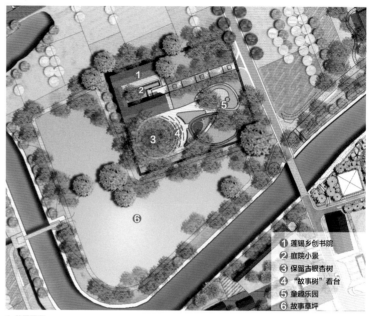

❶ 莲锡乡创书院
❷ 庭院小景
❸ 保留古银杏树
❹ "故事树" 看台
❺ 童趣乐园
❻ 故事草坪

1. 总平面图

2. 书院内部改造前（实景图）

3. 书院改造前（实景图）

4. 莲锡乡创书院平面图

5. 书院内部（实景图）

6. 书院内部（实景图）

实施成果
Implementation

　　二次激活新义村是以生态振兴为基础，引导村民共建，利用有限资源，实现可持续发展，同时创造多元化业态空间，吸引资本与人才的"众创入乡"流动。该项目不仅有效地扭转了当地乡村再次衰落的形势，针对性解决了乡村振兴发展中的痛点、难点，也为解决普遍存在的共性问题提供了参考价值，具有传播意义。希望场地选择及建筑形式能让建筑成为感受景观的载体，也能安静地融入生态环境，同时建筑功能及形态能够更好地强化当地观光吸引力，从而创造就业机会并改善当地民众的生活条件。

1. 书院外廊（实景图）

2. 保留古银杏树（实景图）

3. 书院外部（实景图）

新义村『众创入乡』示范区——莲锡乡创书院

Xinyi Village Lianxi Township Innovation Academy

海星村"江海之星"——蟹逅馆

Haixing Village, "the Star of River and Sea" —— Xiehou Hall

项目位置：宝山区，罗泾镇，海星村
设计机构：上海创霖建筑规划设计有限公司　设计师：贺佳，钱雨馨

海星村『江海之星』——蟹逅馆

Haixing Village, "the Star of River and Sea" —— Xiehou Hall

1. 海星村蟹逅馆（实景图）

贺佳：

上海创霖建筑规划设计有限公司
设计总监
国家一级注册建筑师
国家注册城乡规划师
高级工程师

海星村『江海之星』——蟹逅馆

Haixing Village, "the Star of River and Sea" —— Xiehou Hall

项目概况
Project Overview

基地面积：约 3670m²

建筑面积：1021.95m²

北侧为陈行水库、东侧为长江蟹养殖基地、南侧为罗泾水源涵养林

2. 项目区位图

3. 海星村蟹逅馆 - 改造前（实景图）

作品介绍
Introduction

海星村『江海之星』——蟹逅馆

Haixing Village, "the Star of River and Sea" —— Xiehou Hall

蟹逅馆坐落于长江之畔三面环水、一面临绿的一块"风水宝地"之中，视野开阔，周边无民居聚落，自然条件较好。

改造前建筑为当地养蟹点，整体开放性不高，与西侧场地可达性不足，与蟹湖无联系，空间缺乏活力与人气；风貌上立面老旧单一且无在地价值，与海星村风貌规划理念不符，无法满足村民更高的审美需求。

（1）柔性的边界：重塑空间公共性

在保留原有"L"形建筑布局的条件下，我们通过主体和衍生小品的组合，形成柔性边界，营造区域感的同时，延伸空间的公共性。

（2）对场地的呼应：藉由灰空间与西侧场地联通

我们藉由建筑间的通道，打破了原有主次空间互不联系的场地关系；并于湖边设置了临湖平台，加深了蟹逅馆对于临水场地的呼应。

（3）此地的材料：活用本地材料体现在地风貌

蟹逅馆的外墙设计利用了垒石砌筑的传统工艺，营造了本土材料特有的"野园"气息，唤起了人们的"恋地情结"。

（4）建构的在地化表达：满足场地回归当地的文化需求

设计考虑当地乡村工人施工水平等因素，尝试寻求现代建造技术与传统建造技术的适度结合，兼顾满足经济合理与村民文化需求。

蟹逅馆的改造关注场地特殊性，面对这样一个设计自由度较高的场地，我们在自然的空间缝隙中建立了一个建筑与乡村、村民的对话场地，并在建筑形式上呼应了场地，塑造了一个江边、湖畔、池旁的小房子。

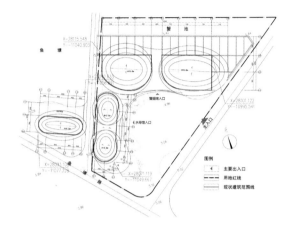

1. 总平面图

2. 休憩平台（实景图）

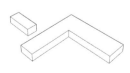
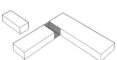

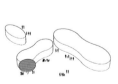
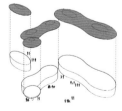

打破原有封闭的空间　　藉由通道联系场地与西侧蟹湖　　利用曲线柔化边界　　通过小品延伸空间　　坡屋顶更融于村落环境

3. 方案生成

实施成果
Implementation

蟹逅馆整体采用小青瓦坡屋顶与垒石墙体，以融于村野林地之间。但主体建筑中部采用透明的落地玻璃，以求拉近蟹湖、蟹池与广场的关系；我们打断"L"形建筑的转角，以连通西侧蟹湖与主广场，加之临湖而设的亲水平台，是蟹逅馆对场地的进一步呼应。

蟹逅馆的在地化重塑为乡村振兴的未来提供了一种新的可能，作为一个江边、湖畔、池旁的小屋，它的出发点是对所处的环境场地的呼应，是村庄公共建筑对"此时此地"的切实回应。

1. 东南鸟瞰（实景图）
2. 走向蟹逅馆的路（实景图）
3. 联系场地与西侧蟹湖的小径（实景图）
4. 西北鸟瞰（实景图）

花红村耕织馆

Huahong Village Ploughing and Weaving Hall

项目位置：宝山区，罗泾镇，花红村
设计机构：上海创霖建筑规划设计有限公司　设计师：贺佳，孙刘振

1. 花红村耕织馆（实景图）

项目概况
Project Overview

基地面积：约2400m²
建筑面积：486.15m²

耕织馆位于花红村北部，处于广袤的粮田间，南向和西向为大片粮田，北向一侧紧邻河道，东接毛家塘宅。

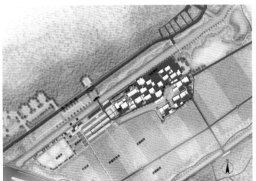

2. 项目区位图

3. 花红村耕织馆建设前（实景图）

作品介绍
Introduction

耕织馆位于罗泾镇花红村北部，南向面对一大片稻田，同时北侧紧邻河道。此次共有四处新建建筑：耕织馆、睦邻点、咖啡厅及后勤用房，一处改造建筑：配电房。其中耕织馆是作为传统农耕及织布的展览与体验的场所。本项目用地基于现有废弃仓库，未占用新的建设用地。

项目伊始，我们思考了项目本身的独特性，即丰富的场地环境及未来使用功能，如何使得建筑融于河道、稻田及民居，同时其形式与功能统一，是此次项目的重点。

我们从赵孟頫《耕织图》汲取了灵感，进行人文元素的提取，从而提炼出乡野生产生活的场景：农田里、屋檐下、小河边，结合场地环境，同时契合功能，做一个具有古拙质感，只属于此时此地的耕织馆。建筑通过连绵的大屋檐、连续的廊柱空间对人文元素进行回应，通过稻田望向建筑，起伏的屋面与场地环境和谐统一。大面玻璃的主入口通透明亮，室内布置满足展览与体验的需求，可以从室内直观南侧稻田。弹性涂料及毛石饰面，极具乡野气息，抛却繁琐细碎的装饰，达到简洁古朴的建筑形式。

我们希望通过一个展现农耕文化的建筑，来形成乡野生活延续的场所，通过人文元素与场地元素的结合，使建筑具有包容性，为花红村的美化振兴注入新的活力。

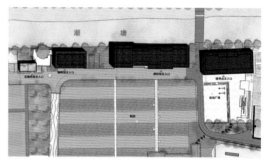

1. 总平面图

2. 元素提取与体现

3. 日暮时刻（实景图）

实施成果
Implementation

　　项目利用闲置空间打造一处极具场景感的建筑，作为参观和体验的场所，自身也具有观赏性，项目充分考虑场地现有景观元素，建筑形式与景观呼应。从稻田一侧望向建筑，会看到稻田里大屋檐下的小房子，建筑与场地和谐共处，也成为景观的一部分，形成一幅优美的田园风景画。

1. 花田前（实景图）

2. 田野中（实景图）

3. 小河边（实景图）

4. 鸟瞰（实景图）

塘湾村双创中心
Innovation Center in Tangwan Village

项目位置：宝山区，罗泾镇，塘湾村

设计机构：同济大学建筑设计研究院（集团）有限公司　设计师：王涤非，于冬亮，王琨，吴嘉鑫，张海丽

1. 项目建成鸟瞰（实景图）

王涤非：

同济大学建筑设计研究院（集团）有限公司副
总规划师，四院建筑三所所长，高级工程师，
国家一级注册建筑师，国家注册城乡规划师

主要研究：

城市规划，教育文体，办公园区等相关研究
长期重点关注乡村公共空间的激活，传统地域建筑的现代表达
近年致力于乡村建筑的现代使用功能的设计实践

项目概况
Project Overview

场地基本情况：

基地面积：约1800m²

基地东、南、西侧为规划公益林景观，北侧为民房改造的体验式民宿，项目周
边彩林环绕。基地内部为待拆老旧仓库，基地地势平坦。

2. 基地周边现状

作品介绍
Introduction

设计理念：

项目结合现状建设用地，通过林相改造，提升公益林四季景观效果，创造功能性建筑空间。因地制宜导入户外团建、特色民宿农庄等，打造彩林环绕下的别样双创中心。内部功能设置企业团建中心、金融咖啡、文创工作室、沪剧工作室等，满足企业团建活动需求。

项目作为乡村探索建筑，需要发挥乡村作为稀缺资源和城市核心功能重要承载地的优势。设计在努力破解乡村发展瓶颈问题的同时，塑造令人向往的现代江南田园风貌建筑。

建筑设计前，充分考虑原基地周边的乡村道路、农田阡陌等乡村原有空间肌理，将地块进行切分，重构基地内部多重空间维度，使得建筑平面、建筑空间完成后与周边乡村肌理高度统一。建筑造型通过对屋顶的造型处理，营造出别具一格的建筑"群落"，柔美浪漫的曲线屋顶，让人仿佛游走在村落之中，创造出丰富的场所体验感。

建筑外立面采用现代建筑语言，演绎传统乡村建筑形式。在现代建筑语汇下，使用白色涂料、铝合金仿木格栅、玻璃等材料细腻搭配，最大程度发挥材料本身的属性，同时强化建筑体量的纯粹性。南向大空间采用落地窗，将室外景观引入室内，暖色调的木色格栅和窗框，在细部尺度上体现了建筑的细腻和亲切感。

塘湾村双创中心项目是将企业办公、文化拓展、企业团建功能的建筑在乡村的一次实践，在营造属于自身使用空间性格的同时，努力与乡村空间肌理融合，创造出自然和谐、优雅精致的乡村建筑。

3. 基地网格重构

4. 平面生成

1. 建成室外（实景图）

2. 建成室外（实景图）

5. 一层平面图

6. 二层平面图

1. 建成室外（实景图）

实施成果
Implementation

　　白墙、木格栅是乡村建筑一大特点，也是本项目一个重要元素，使用者能够在建筑上感受光影的流动，仿佛时间也参与其中，宁静悠远。

2. 建成室内（实景图）

3. 建成室外（实景图）

4. 建成室内（实景图）

5. 建成室外（实景图）

渔沥村英科中心
Yuli Village Yingke Exhibition and Office Center

项目位置：奉贤区，庄行镇，渔沥村
设计机构：山水秀＋出品建筑　设计师：祝晓峰，丁鹏华

1. 渔沥村英科中心（实景图）

祝晓峰：

山水秀建筑事务所主持建筑师
同济大学建筑与规划学院客座教授
英国皇家建筑师学会特许会员

丁鹏华：

出品建筑事务所主持建筑师
上海交通大学设计学院实践导师

项目概况
Project Overview

基地面积：681.6m²
建筑面积：685.96m²
基地置身于一片涵养林之中，北侧为黄浦江南畔。
建筑的主要功能为展示与活动中心。

2. 项目区位图

3. 渔沥村英科中心改造前（实景图）

渔沥村英科中心 Yuli Village Yingke Exhibition and Office Center

作品介绍
Introduction

英科中心－"树庭"的基地位于奉贤区黄浦江南畔的一片涵养林之中。

"树庭"以"水中林"为设计理念来呼应基地周边涵养林的风貌，通过人造"树林"与"庭院"的结合，营造人与自然交融的工作和展示空间。

建筑由立于水中的12棵树杈结构体组合而成。内圈8棵树两两一组，构成四个两层的空间单元，一层在"树干"高度视线通透开阔，布置大堂、休息区及开放的展厅，二层在"树杈"高度视线封闭内收，布置活动室、会议和卫生间等功能。四组空间在东南西北四个方向上呈"风车"状布置，中间围合出一个内庭院，设有楼梯连接上下两层。

建筑四个空间单元与内庭院之间留有采光天窗，自然光犹如从树冠之间的缝隙中洒入。外围角部的4棵树杈用索网钢架相连，表面覆以三角形风动幕墙叶片，氧化铝叶片倒角卷起，如树叶般随风颤动。经过镜面处理的叶片表面灵动地反射着周边的树林和天空。

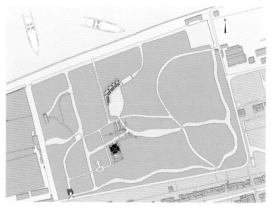

1. 总平面图

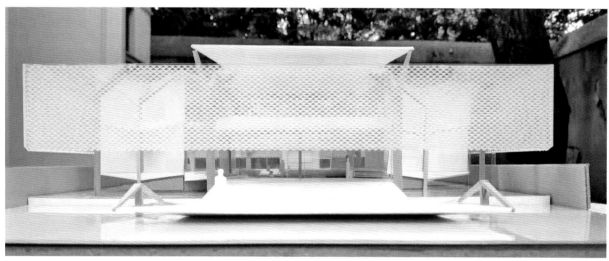

2. 模型照片

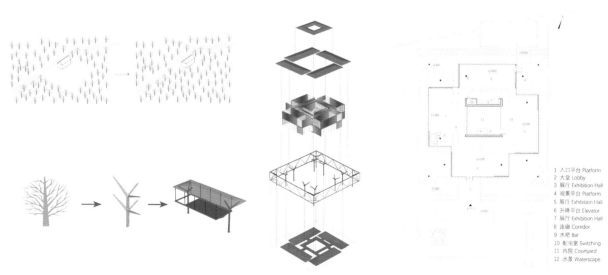

3. 概念分析与平面布局

1 入口平台 Platform
2 大堂 Lobby
3 展厅 Exhibition Hall
4 观景平台 Platform
5 展厅 Exhibition Hall
6 升降平台 Elevator
7 展厅 Exhibition Hall
8 连廊 Corridor
9 水吧 Bar
10 配电室 Switching
11 内院 Courtyard
12 水景 Waterscape

实施成果
Implementation

　　通过群组的树杈结构来抽象表达自然树林，风动叶片模拟风吹树叶的动态变化，双坡屋面围合庭院的方式来回应周边村落房屋的肌理，体现了人工与自然和谐共生的意象。

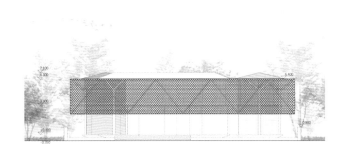

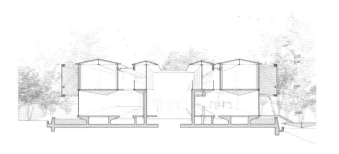

1. 建筑立面
2. 建筑剖透视图
3. 鸟瞰（实景图）

风动幕墙在环境与建筑之间建立了模糊的边界，幕墙通过反射将树木景观容纳到建筑中，建筑也通过风吹幕墙的变化与环境形成互动。村民可透过通透的幕墙了解建筑内部的展示。建筑与周围树木相互掩映，呈现了建筑与自然景观的和谐。

1. 风铃木墙（实景图）

2. 建筑侧立面（实景图）

3. 建筑主立面（实景图）

1. 建筑内二层局部（实景图）
2. 建筑一层局部（实景图）
3. 建筑内廊与中庭（实景图）

室内各个空间相互渗透，光线在空间中流动，建筑结构体系清晰地呈现在环境中，并将景观水面引入室内，仿佛村落间流淌的河流，使建筑与环境融合为一。

浦秀村"三园一总部"（合景泰富）项目
Puxiu Village "Parks & Headquarters"（KWG）Project

项目位置：奉贤区，庄行镇，浦秀村
设计机构：iArchitectstudio　主持设计师：陈嘉炜　施工图设计单位：上海都市建筑设计有限公司

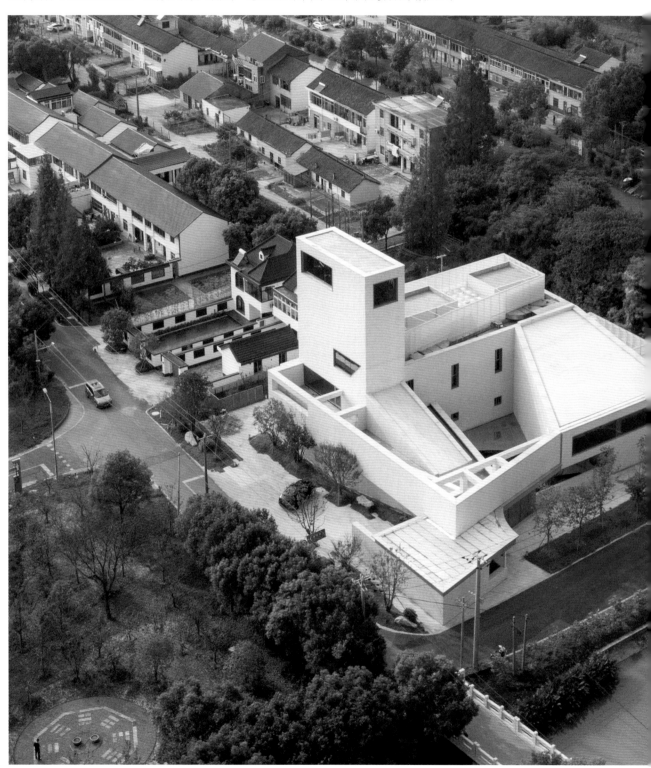

1. 浦秀村"三园一总部"（合景泰富）项目（实景图）

陈嘉炜:

iArchitectstudio 主持建筑师
担任上海浦东、嘉定、奉贤城市规划及重要项目顾问及
评审委员，浦东新区社会文化发展项目设计顾问、智库
专家

浦秀村『三园一总部』（合景泰富）项目

Puxiu Village "Parks & Headquarters" (KWG) Project

项目概况
Project Overview

基地面积: 2.82 亩

建筑面积: 1668m²

南接 2000 余亩农业用地，北临 750 余亩黄浦江涵养林，西邻光辉港。

2. 项目区位图

作品介绍
Introduction

　　基地位于黄浦江南岸庄行农艺公园区域，作为农艺公园建设系列中第一个建筑，其意味、趣味与环境融合及响应性深为重要。这个建筑作为乡村振兴背景和农艺公园地景下，既在实际功能应用上，导入新的业态及使用模式——激活整体区域；又努力创造乡村振兴的现代建筑意象——设定整体调性。使用的建筑学和城市设计方法如下：建筑在局促的基地内展开布局，南部的农艺公园腹地，东侧的光辉港水闸，北侧的自然河流及黄浦江，通过具有功能的"取景器"纳入建筑内部。最让人印象深刻的是塔楼内部的"潜望镜"，将远景无声地引入地下空间，大自然作为最好的艺术家，创作着一年四季无声而美丽的画卷。报告厅/展厅的"扁框"，将河闸完整入画。从入口开始，起承转合的空间序列在关键部位结合取景器与外部图景发生对话，而这是真正的农艺公园建设的精神：即在既有大地图景的基础上，实现新时代的业态创新与有想象力的空间创造。

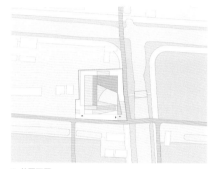

1. 总平面图

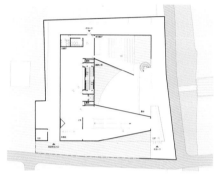 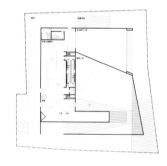 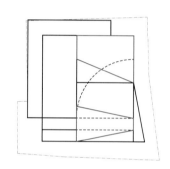

2. 平面图

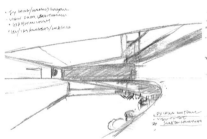 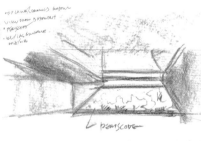 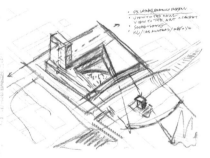

3. 概念草图

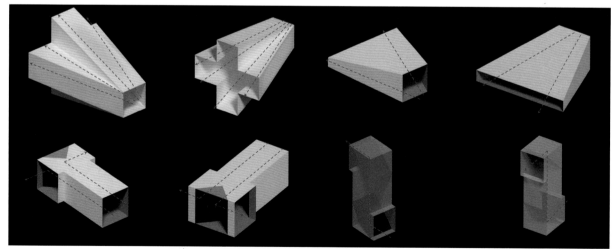

4. 设计概念－取景器

实施成果
Implementation

通过该项目的建设实现了经济效益、社会效益、示范效应"三丰收"。一是经济效益：在缴纳村委会10万元/年土地租金的基础上，项目税收"颗粒归仓"反哺村集体经济组织，1000万元税收反哺村集体6.5%，即65万元/年，其中50%由村集体统筹使用，50%用于农户分红，促进农民增收。二是社会效益：进一步带动其他总部纷纷入驻，截至目前，东原、英科、强琪等优质企业先后入驻，区域内实现企业注册77家，2018年实现税收4800万元、2019年实现税收8426万元、2020年1—6月实现税收5900万元，目标年内实现税收1亿元以上。三是示范效应：作为首批建成的"三园（院）一总部"项目，在全镇乃至全区起了良好的带头作用，直观展现了"三园（院）一总部"建设成效，焕发农村新活力，引进农村新人才，走出了一条庄行特色的乡村振兴之路。

1. 整体鸟瞰（实景图）

2. 整体鸟瞰（实景图）

浦秀村『三园一总部』（合景泰富）项目 Puxiu Village "Parks & Headquarters" (KWG) Project

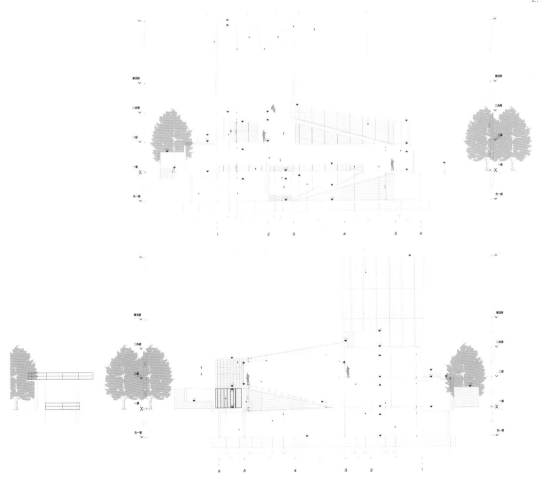

3. 剖面详图

浦秀村『三园一总部』（合景泰富）项目
Puxiu Village "Parks & Headquarters" (KWG) Project

1. 日景鸟瞰（实景图）

2. 傍晚鸟瞰（实景图）

3. 局部细节（实景图）

4. 整体鸟瞰（实景图）

浦秀村『三园一总部』（合景泰富）项目

Puxiu Village "Parks & Headquarters" (KWG) Project

1. 立面细节（实景图）

2. 立面细节（实景图）

3. 立面细节（实景图）

新强村庄园总部展示中心
Xinqiang Village Manor Headquarters Exhibition Centre

项目位置：奉贤区，金汇镇，新强村
设计机构：PFS STUDIO 设计师：梁志豪，吴翠

1. 新强村庄园总部展示中心（实景图）

梁志豪：

PFS STUDIO 建筑主创设计师

主要研究：

公共建筑，立面改造

吴翠：

PFS STUDIO 景观主创设计师

主要研究：

公共景观，乡土景观

项目概况
Project Overview

基地面积：02-14 地块，约 3285m²

建筑面积：882.70m²

南侧临新强路，东侧、北侧为河涌，西侧为庄园总部用地。

2. 项目区位图

3. 改造前（实景图）

作品介绍
Introduction

　　庄园展示中心位于新强村中心位置，三面环水，周围农田及果园围绕。改造前为未建成空置村民住房，为展示新强村总部庄园风貌，解决空置未利用房屋，在保留原建筑结构的情况下，改造为展示中心。建筑外立面结合江南民居特色使用现代化的建筑元素，场地置入江南院落有机布置，打造成一个新与旧、现代与传统结合的项目。

　　场地通过南侧拱桥跨过河涌到达入口，入口处设有山门，绕过山门，通过廊道进入中心庭院然或进入展示中心室内。场地内围绕中心庭院为公共空间，设置水井、假山景墙，沿河涌边设置亲水平台。建筑西、南、北侧为私密空间，设置内庭景观。

　　建筑形体呈两坡屋顶相互咬合，立面语言简洁，采用竖向元素金属幕墙、玻璃幕墙及仿石漆。建筑内部设三层，首层为接待及展示厅，二层为办公区，三层为被动节能房展示区。室内装修为新中式风格。

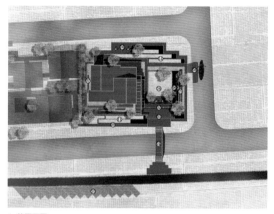

1. 总平面图

2. 鸟瞰（效果图）

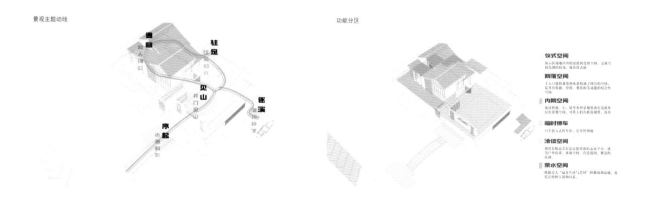

3. 概念分析

实施成果
Implementation

　　为保留原村民住宅结构框架，建筑坡屋顶形体比例有所欠缺、不够舒展，设计通过园林景墙及廊架的延伸，增加建筑层次，丰富建筑空间。在项目实施过程中，配合被动节能房的要求，需要设置太阳能设施，为不影响建筑造型隐藏设备，采用了光伏板巧妙结合金屋屋面的坡屋面形式。

1. 侧庭院（实景图）
2. 中庭院（实景图）
3. 鸟瞰（实景图）

吴房村青创社区
Youth Creative Community in Wufang Village

项目位置：奉贤区，青村镇，吴房村
设计机构：嘉品设计　设计师：吕峰，王承，薛飞翔

　　吴房村青创社区由嘉品设计打造，此处原为第二生产小组的宅基地，环境条件较差，但较好地保留了农业生产互助组的历史记忆。村民至今记得当时共同进行农事活动和换工互助的时光。现在，这种合作生产结下的友谊已逐步转化为纯粹的邻里关系。设计师通过对场地的梳理，说服村民让渡出部分私有空间来塑造公共空间，并针对每一户的要求，进行了整体性的改造和提升，重塑和再现了当年生产互助小组的亲密关系。

1. 建成建筑（实景图）

吕峰：

同济大学建筑学博士
嘉品设计创始人
国家一级注册建筑师
同济大学常青院士工作室主持建筑师
长期致力于乡村和旧建筑改造设计研究，在古建筑设计和修缮及风土历史环境的保护与活化利用取得研究成果，并实践了大量相关设计工作。

王承：

同济大学建筑学硕士
嘉品设计联合创始人
国家一级注册建筑师
师从路秉杰教授，从事建筑历史与理论研究。近年来主要研究中国传统建筑的修复和设计并取得重大研究成果。

薛飞翔：

嘉品设计联合创始人
东华大学服装与艺术设计学院毕业
上海市十大优秀设计师
中装协中国设计年度人物
上海装协设计委副主任
长期致力于文化与民生深层次融合于建筑和室内设计的研究，担任多个设计奖项的评委和嘉宾，善于将运营思维、营销心理学融会贯通于项目设计的全案过程中。

项目概况
Project Overview

基地面积：9287.85m²

改造建筑面积：3150.21m²

改造户数：14 户

基地位于上海市奉贤区吴房村南侧，南临平庄西路。

2. 原始建筑（实景图）

作品介绍
Introduction

1. 建筑导图（效果图）

2. 建筑导图（效果图）

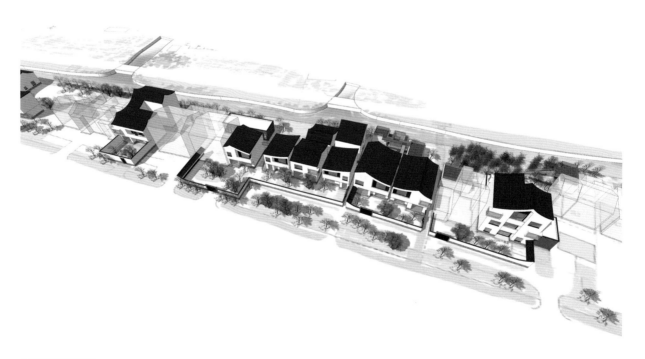

3. 建筑导图（效果图）

实施成果
Implementation

设计改造之前，乡村中一直延续的建设秩序被打乱，建筑异化严重，建起了许多小洋楼、瓷砖房，公共环境恶化。对于这一特殊时期特殊形态的建筑保护，必须思考其延续性与变化性，判断其经历时间的演进与社会变革后的适时性价值。

1. 建成建筑（实景图）

2. 建成建筑（实景图）

3. 建成建筑（实景图）

室内设计采用吴房村黄桃这一最大 IP 为设计主题，展示到室内的天花空间设计中：一致的整体空间调性充分展现了乡村乡土新时代的基调，大面积采用白色和原木色加上平面构成设计的黄桃形象使得透过室内的条形落地窗看室外景观时，让人不禁想到："桃花坞里桃花庵，桃花庵里桃花仙。桃花仙人种桃树，又摘桃花卖酒钱"的悠然场景。现作为整体配套青创园区的多功能会议厅承担小型会议、宣传、路演等功能。

4. 室内多功能厅（实景图）

5. 室内多功能厅（实景图）

吴房村乡村餐厅 & 咖啡馆改造
Reconstruction of Rural Restaurant & Cafe in Wufang Village

项目位置：奉贤区，青村镇，吴房村
设计机构：乡伴朱胜萱工作室 & 上海时代建筑设计院　设计师：朱胜萱，郑光强，张顼，张瑞利，黄清瑶，苏奇

吴房村乡村餐厅 & 咖啡馆改造
Reconstruction of Rural Restaurant & Cafe in Wufang Village

1. 乡村餐厅（效果图）

张顼：

乡伴朱胜萱工作室 / 上海时代建筑设计院 院长
那方建筑工作室 主持建筑师
同济大学建筑学 硕士
原美国约翰·波特曼建筑设计事务所 建筑师

吴房村乡村餐厅 & 咖啡馆改造

Reconstruction of Rural Restaurant & Cafe in Wufang Village

项目概况
Project Overview

项目位于吴房村乡村振兴示范村一期的核心区范围北侧。

餐厅建筑面积 310m² (不计连廊面积)，原建筑为一大一小两幢房屋，房屋中间为村庄道路，东侧毗邻村口改造后的景观桥。

咖啡馆面积 92m²，位于餐厅西北侧。

2. 乡村餐厅原貌（实景图）

作品介绍
Introduction

设计理念:

　　在建筑中融入潮流元素，传统与现代的碰撞使得雅俗共赏的同时，让相应的功能也变得更加丰富。这带给游客的是别具一格的游玩体验。

　　吴房村的传统建筑的特色里面，屋面大部分为曲线。现代的改造设计语言里充分尊重了这些曲线并实际实施在了改造的混凝土屋面中，结合出挑的外廊，重新塑造出了优美的建筑形体。

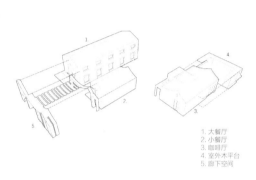

1. 大餐厅
2. 小餐厅
3. 咖啡厅
4. 室外木平台
5. 廊下空间

1. 设计分解（效果图）

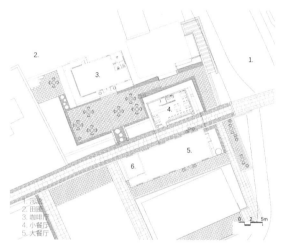

1. 河流
2. 田园
3. 咖啡厅
4. 小餐厅
5. 大餐厅

2. 设计平面（效果图）

3. 咖啡厅（效果图）

实施成果
Implementation

1. 咖啡厅（实景图）

"民以食为天"。

餐厅作为乡村不可或缺的部分，是展示与乡村民生息息相关的传统文化与地域美食的场所。

餐厅一大一小的两幢房屋与西北侧咖啡厅共同围合出自然的庭院。打造乡村餐厅，不仅要提取青村镇及吴房村文化元素，尊重传统历史遗存，设计制作与文化创意相结合的产品；也要尊重田园的景观，打造与田园景观紧密结合的特色建筑，为乡村的文化发展注入新的活力。

2. 咖啡厅（庭院实景图）

吴房村"舍后"公共厕所
Public Toilet in Wufang Village

项目位置：奉贤区，青村镇，吴房村
设计机构：中国美术学院风景建筑设计研究总院有限公司　设计师：方春辉

1. 吴房村"舍后"公共厕所（实景图）

方春辉:

高级工程师
中国美术学院设计总院一院副院长
上海乡村振兴青春建功行动专家顾问
厦门特别行政区商业地产专业顾问
获 2015 年中国建筑学会"年度杰
出规划设计师奖"
获 2018 全国人居"年度杰出人物奖

主要研究:

在上海乡村振兴示范村的设计与研究过程中,努力探索和
展现每一个村庄的特色,还原最淳朴的风貌肌理的同时,
通过理念创新,打造"一村一景"。同时,依托总院艺术
院校背景,率先在乡村振兴设计领域,将艺术与设计融合
共存,让乡村既能留得住乡愁,又能与时代同步。

项目概况
Project Overview

基地面积: 121.23m²
建筑面积: 98.23m²

2. 项目区位图

作品介绍
Introduction

　　吴房村公共厕所在设计之初，考虑到厕所位于桃林之中，既要方便村民及游客使用，又不能够过于显眼。因此，以乡野之风作为公共厕所的设计基调。

　　该公共厕所以"舍后"为名，源于旧时厕所常位于主屋之后，故名为"舍后"。"舍后"为一层建筑，入口处布置一门廊，以强调出入口位置。立面主要以白墙、木饰面为主。屋顶满铺铝制茅草，既安全防火，同时耐用持久、效果逼真。

1. 侧立面图

2. 正立面图

3. 建筑外立面（实景图）

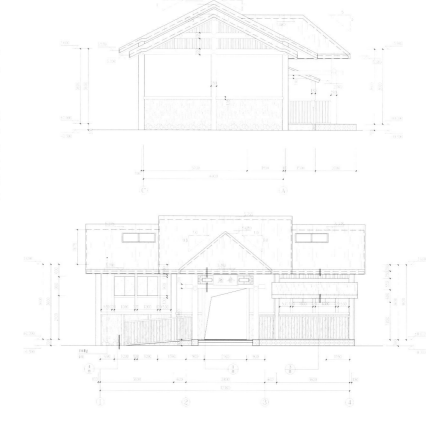

实施成果
Implementation

　　建成后的"舍后"可达到五星级厕所标准。其朴实乡野的建筑造型,在竹林、桃林中若隐若现,成为一道别致的风景。

1. 隐在桃林中的公共厕所（实景图）
2. 厕所高窗（实景图）
3. 厕所周边景观（实景图）

"舍后"公共厕所不但外表极具灵隐之美，内部也不失上海海派大都市的端庄大气。厕所设有男厕、女厕及家庭卫生间，满足大部分村民、游客的需求；配备智能马桶和电子显示屏，推广环保节能文明如厕。

在服务管理方面，奉行了运营专业化、管理规范化、服务人性化、监督社会化的"四化工作法"。

"舍后"公共厕所努力在乡村振兴的道路上为大家带来更舒适、更美好的如厕体验。

1. 家庭卫生间入口（实景图）

2. 家庭卫生间（实景图）

3. 厕所大厅（实景图）

1. 卫生间隔间（实景图）

2. 2019年上海最美厕所奖牌

3. "舍后"标识（实景图）

莲湖村综合为民服务中心
Villager Auditorium in Lianhu Village

莲湖村综合为民服务中心

Villager Auditorium in Lianhu Village

项目位置：青浦区，金泽镇，莲湖村
设计机构：中船第九设计研究院工程有限公司　设计师：谢高皓

1. 莲湖村综合为民服务中心鸟瞰（实景图）

谢高皓:

中船第九设计研究院工程有限公司
创作室主任、主创建筑师

主要研究:

科研办公,文化教育,乡村振兴
追求基于场所精神的真实营造

项目概况
Project Overview

项目位于上海市青浦区金泽镇莲湖村谢庄。项目对整个村落进行了整体立面
更新,其中综合为民服务中心是整个村落的核心配套建筑群,总建筑面积
2600m²,主要功能为村民大礼堂和为老服务中心,具体功能包括可容纳40张
10人桌的宴会厅、多功能厅、书画阅览、舞蹈、医疗、康养及村民大戏台等。设
计在原有建筑基础上进行改扩建,整个设计建造周期约60天,于2019年7月
投入使用。

2. 莲湖村综合为民服务中心改造前

3. 莲湖村综合为民服务中心改造后

作品介绍
Introduction

设计理念：

　　莲湖村综合为民服务中心坐落于莲湖村谢庄的中心位置。项目周边均为双层坡屋顶民宅，基地西侧有现状河道，基地现状为单层砖混仓储用房，设计将在已有建筑的基础上进行一定的功能扩展和空间重组。

　　本项目面临的最大挑战是如何在满足使用需求的前提下，将一个大尺度的公共服务空间融入莲湖村现有的传统村落肌理之中，最大程度降低对原始村落尺度的破坏，并实现快速建造。

　　在形式上，设计采用化整为零的办法，对建筑进行解构重组，解构的核心围绕屋顶以及山墙展开，以连续错落的折板屋面和延续现有民居尺度的山墙片段形成整个建筑的外部形象，结合景观、庭院、回廊、露台等开放空间，共同形成一组与环境谦逊对话，与村庄自然融合的乡间公共建筑群。在快速建造上，采用钢结构屋架来实现新建结构与原有结构的分离，主要建筑材料均选用具备现场加工条件的常见材料，以缩短建造工期，实现快速建造。

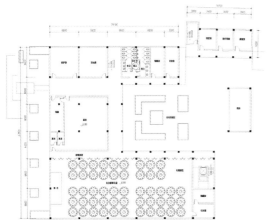

1. 一层平面

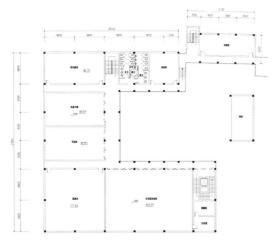

2. 二层平面

3. 入口空间（实景图）

4. 二层回廊（实景图）

5. 滨水夜景（实景图）

6. 庭院戏台（实景图）

7. 滨水效果（实景图）

实施成果
Implementation

建成后的综合为民服务中心成为莲湖村新的地标建筑，其独具特色的屋顶形式和兼顾文化传承与现代精神的建筑风貌，为提升莲湖村村落空间品质和改善村民公共生活空间提供了条件。整个设计仔细梳理了场地关系，保留了原有建筑的基本格局，重点利用回廊、露台等灰空间重新塑造尺度宜人的内部庭院，并为之附加演艺功能，使之成为村民户外集会活动的重要功能场所。设计对空间的合理利用，也实现了土地资源节约。

8. 入口效果（实景图）

张马村综合文化活动中心
Zhangma Village Comprehensive Cultural Activity Center

项目位置：青浦区，朱家角镇，张马村
设计机构：中船第九设计研究院　设计师：张愚峰，关毅鹏

1. 张马村综合文化活动中心鸟瞰（实景图）

张愚峰：

中船第九设计研究院
久零工作室室主任
同济大学建筑学硕士
仁斯利尔理工大学建筑学硕士

主要研究：

乡土建筑与绿色生态技术的结合，建筑表皮的环境参数
化表达。近年来参与了上海青浦张马村、林家村、张巷村、
青浦老城厢改造等乡村振兴方案设计工作。

项目概况
Project Overview

基地面积：4357m²
建筑面积：1345m²
基地西侧、南侧临近民居，北侧、东侧为河道，建筑面积
1345m²。

2. 项目区位图

3. 张马村综合文化活动中心－改造前（实景图）

张马村综合文化活动中心
Zhangma Village Comprehensive Cultural Activity Center

作品介绍
Introduction

该文化活动中心设置有文化活动室、老年活动室、多功能活动室、棋牌室等功能。位于南侧的大厅供村民"红白喜事"使用，并于庭院内设置一处百姓舞台，为居民文体演艺活动提供平台。

综合文化中心采用开放式连廊联通各功能区，围合成一个空间方正的内部庭院，内廊格栅在阳光的照射下充满变化，置身活动中心内，仿佛游弋于传统与现代之间，意在唤起村民对于民族传统文化的自豪感，而不是创作一个脱离于文脉孤立存在的作品。

在设计时，遇到的最大问题是如何在保留村落文脉的同时，体现出建筑的现代性及独特性。我们以传统的合院及坡屋顶建筑为原形进行演绎变形，试图创造新的建筑原形，形成山、水、庭、廊的江南建筑意境。方案通过起伏的曲线坡屋顶，营造出一幅江南山水意蕴，沿河而视，屋顶高低起伏，犹如丝带一般飘逸、灵动，为整个村庄带来些许活力。立面构思借鉴了中国传统山水画的意境，勾勒出多条曲线，无不彰显传统意蕴。

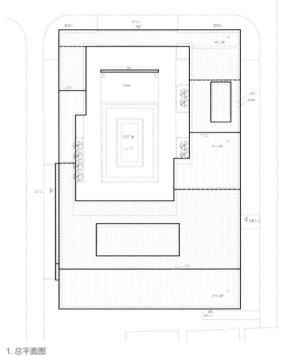

1. 总平面图

2. 鸟瞰（效果图）

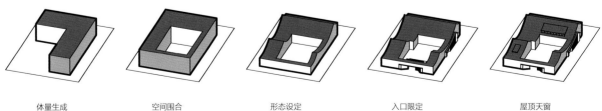

体量生成　　空间围合　　形态设定　　入口限定　　屋顶天窗

3. 概念分析

实施成果
Implementation

　　设计在实施过程中遇到了许多困难，考虑到当地施工队的施工水平，为了保证曲线屋顶的平滑以及整个屋顶的轻巧，最终采用了现浇混凝土屋面与金属屋面相结合的屋顶形式。内廊的格栅和立柱均采用铝方通，内墙面采用铝板饰面，保证了内廊的品质和空间效果。正是由于这些现代材质的运用，使传统的建筑空间产生了极强的现代感，是一种立足传统，面向未来的表达。

1. 大厅室内屋顶（实景图）
2. 内部庭院空间（实景图）
3. 东南透视图（实景图）
4. 西北透视图（实景图）

张马游客中心
Visitor's Center，Zhangma Village

项目位置：青浦区，朱家角镇，张马村
设计机构：致正建筑工作室　设计师：张斌

1. 西侧立面（实景图）

张斌：

致正建筑工作室主持建筑师
同济大学城规学院客座教授

1968 年生于中国上海，1995 年获得同济大学建筑学硕士学位，2002 年
与周蔚共同创立致正建筑工作室。研究与实践涵盖城市、建筑、室内和
景观多个领域。至今已完成多项重要作品，包括同济大学建筑学院 C 楼、
同济中法中心、安亭镇文体活动中心等，2012 年受邀担任同济大学建筑
与城市规划学院客座教授。

项目概况
Project Overview

建筑面积：1817㎡

基地面积：10760㎡

设计时间：2017.12—2018.07

建造时间：2018.09—2019.01

结构形式：砖木混合结构

主要用途：游客中心

建设地点：上海青浦朱家角镇张马村村委沈太路 2115 号东侧

2. 轴测图

作品介绍
Introduction

设计理念：

　　上海张马游客中心位于有"上海后花园"之称的青浦区朱家角镇最南端的美丽乡村张马村。由村委会旁的老厂房改造而成，保留原建筑结构而做的新建筑，新旧建筑的结合使其更具特异性。入口处宽阔的场地，利用不同高度的矮墙及绿化布置，营造出如同园林中来回曲折的游览路线。建筑保留原厂房仓库中的钢屋架，同时利用木檩条直接出挑近三米的无柱廊下空间，空间结构纯粹简洁。

3. 鸟瞰图（实景图）

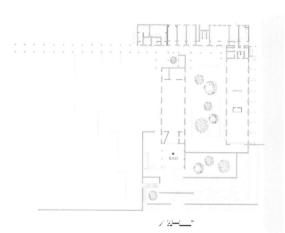

1. 入口空间

4. 西侧立面（实景图）

2. 一层平面图（实景图）

5. 入口空间（实景图）

实施成果
Implementation

1. 东厅室内（实景图）

2. 西厅室内（实景图）

3. 南侧稻田（实景图）

章堰文化馆
Zhang Yan Cultural Museum

项目位置：青浦区，重固镇，章堰村
设计机构：水平线设计　设计师：琚宾，周志敏，何斌

1. 章堰文化馆建筑外立面（实景图）

生存，生长，新生，是我们对章堰村以及中国现状下同类村落的改造和复兴策略，不是推倒重建，不是修旧如旧，而是遵循历史的发展脉络，将当下的发展观念和功能需求置入其中，重新梳理和组织布局、功能业态、新老关系等。

琚宾：

水平线设计
创始人兼首席创意总监

设计理念：
致力于研究中国文化在建筑空间里的运用和创新，以个性化、独特的视觉语言来表达设计理念，以全新的视觉传达来解读中国文化元素。
在作品中，"当代性""文化性""艺术性"共融、共生，以此作为设计语言用于空间表达。从传统与当下的共通、碰撞处，找寻设计的灵感；在艺术与生活的交错、和谐处，追求设计的本质；在历史的记忆碎片与当下思想的结合中，寻找设计文化的精神诉求。

项目概况
Project Overview

建筑／室内／景观设计: 水平线设计
首席创意设计总监: 琚宾
主持建筑师: 周志敏, 何斌
建筑设计团队: 张佳, 邓树玉, 宋文裕, 胡曜, 黄平, 许炜炜
驻场建筑师: 张佳
室内设计团队: 韦金晶, 盛凌翔, 罗钒予, 杨奕溪, 岑玉华, 聂红明, 胡凯,
吴鸿展, 叶苏菲
业主方: 中建(上海)新型城镇化投资发展有限公司
摄影: 苏圣亮／是然建筑摄影
设计时间: 2017.08—2018.05
建造时间: 2018.06—2019.05
项目规模: 1064m²

2. 章堰文化馆 - 改造前（实景图）

作品介绍
Introduction

章堰村位于上海西郊的重固镇，是上海古文化发源地，福泉山文化的代表之一。这座拥有千年故事的古村落从唐宋年代起临水而筑，那时的章堰十分繁华，章粢、苏轼、任仁发、米芾等贤士皆在诗文中提及或到过此处。

经过历史变迁，章堰村空心化严重，现已不复以往的繁华，村里现存有清代、民国建筑和1949年后的洋房。在新型城镇化的政策背景下，章堰村迎来改建与复兴。

生存，生长，新生，是我们对章堰村以及中国现状下同类村落的改造和复兴策略，不是推倒重建，不是修旧如旧，而是遵循历史的发展脉络，将当下的发展观念和功能需求置入其中，重新梳理和组织布局、功能业态、新老关系等。

「生存」

"老建筑"是章堰村的历史，文化的沉淀，我们通过加固、修缮等方法，让老建筑以更好的状态「生存」下去。

「生长」

破败、无法再使用其内部空间的老建筑，我们需"清理"破败及无法使用的部分后，从中「生长」出与原老建筑有关联的新建筑，使"新老"建筑共存。

「新生」

新建筑是新时代与新功能的呈现。为满足新的使用需求，我们也会从空地中「新生」出一些当代建筑。

2. 展厅一与老墙（实景图）

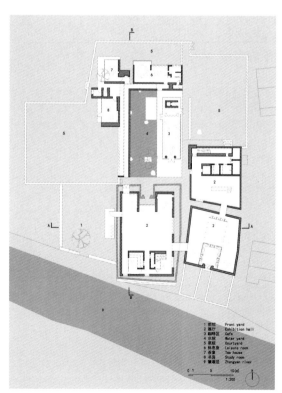

1. 首层平面图

3. 前往文化馆的乡间道路（实景图）

1. 展厅一室内局部（实景图）

实施成果
Implementation

　　根据基地条件，文化馆设计由三个不同特点的展示空间及水院组成。

　　章家宅（晚清老房子）残破比较严重，但外墙风貌较好且完整，我们对外墙进行了加固和保护，在保护好的外墙内新建了展厅一。展厅一沿用了章家宅"四水归堂"的建筑制式，并与老墙脱开最少处30cm距离，是我们对历史的尊重与致敬；展厅一内部有窗户，建立起与章家宅外墙的联系。

　　村史馆（清朝老房子）保留较好，我们对内部木承重结构做了加固和修缮处理，作为展厅二。地面返潮严重，我们重做了地面防潮，改造了地面材料为阳极氧化铝板，与展厅一地面一致，空间产生延续，且让空间看来更明亮和宽敞。老的墙面、屋面、内院保留下来。

2. 水院局部（实景图）

　　通过复原研究，村史馆北侧空地原为村史馆的二进院，现有基础遗存，我们在原有基础位置上新建展厅三，展厅三墙面、地面及天花板皆为阳极氧化铝材料。均质的金属材料带来某种"未来"感的体验，与展厅一的"当代"、展厅二的"传统"构成一段动态的体验。出展厅三便是基地北侧的空地。我们在保留空地上的大树及竹林的基础上新建了休息区和水院，供人们休息和讨论。新建的建筑皆采用白色清水混凝土材质。白色清水混凝土材质呼应了当地建筑外墙纸筋灰。

3. 鸟瞰（实景图）

4. 西侧入口广场（实景图）

章堰村田园综合体
Zhangyan Village Pastoral Complex

项目位置：青浦区，重固镇，章堰村
设计机构：同济大学建筑设计研究院（集团）有限公司

章堰村田园综合体
Zhangyan Village Pastoral Complex

1. 章堰村村庄全景（效果图）

该规划项目村域范围为章堰村行政辖区，总面积 2.05km²，实施范围为核心区约 8.7hm² 的用地。

李振宇：

同济大学建筑与城市规划学院教授、博导

研究方向：

乡村更新、住宅类型学、共享建筑学

领衔设计师：

本项目由同济大学李振宇教授领衔，由村庄规划、城市设计、建筑设计、景观设计团队共同完成，包括 199.4hm² 的村庄规划、8.7hm² 的核心区城市设计、4.5 万 m² 建筑方案设计。设计团队成员包括：董楠楠，江浩，李麟学，李立，李振宇，刘敏，栾峰，屈张，任立之，沈迪，童明，涂慧君，王方戟，王骏，徐杰，袁烽，曾群，章明，左琰等（按姓名首字母排序）。

项目概况
Project Overview

"先有青龙镇，后有上海滩"。青龙镇是海上"丝绸之路"的重要港口，也是"丝绸之路"的重要起点之一，章堰村自古为青龙镇的后花园，结合其历史地位和上海打造全球卓越城市的背景，本项目定位为：慧集章堰，文旅农商，水乡风貌，田园共享。

立足青浦沪西大虹桥板块优势、依托古镇历史文化和风貌特色和中建产业升级与全球化战略，践行国家和上海市战略导向，打造商贸、旅游、文化和创意产业融合发展的经济新形态，结合中建集团业务拓展、面向国内外开拓"技术培训、文化建设、标准研讨、创新拓展"等功能，打造以城乡共享、人才汇聚为特色的新章堰。

2. 章堰村北入口人视（效果图）

作品介绍
Introduction

总体概念：

  基于"批判的重构、谨慎的更新"原则下，以给定的控制要素为基础，保护及恢复村落传统风貌，复兴村落历史及注入新兴产业及文化；精心打造古村传统街巷及景观风貌，合理布局村落街区式度假区、特色餐饮、民宿及商务会议、文化展示、创意工坊等业态功能，并针对性地进行详细节点设计；挖掘村庄历史传统文化与典故，结合房屋及场地物理现状，控制新建与保留建筑的比例，使其保持传统村落的格局并达到整体风貌的协调统一；最终达到"多元共享，与古为新"的设计目的。

3. 核心区夜景俯瞰（效果图）

1. 谨慎的更新

4. 历史建筑修缮（效果图）

2. 批判的重构

5. 村庄一角（效果图）

1. 水乡漫步（效果图）

2. 叠院雅集（效果图）

实施成果 – 汇福堂
Implementation

建筑师: 王方戟团队

总体概念:

老屋 · 幽深 · 凝望

延续老房子的体量关系，用本地的构架做法搭起一个幽暗、宁静的屋宇。临水的堤岸延伸进场地内部，粗犷的石板成为就餐的桌子。在地形与屋顶之间的缝隙中，人们凝视着外部的水面与花园。

方案设计首先梳理了场地关系，保留原有建筑的基本格局，重新塑造尺度宜人的空间。利用连廊等灰空间丰富内院空间，并形成室外的过渡。

在预算较低的额度内，主体建筑采用钢结构，建筑外墙采用浅色涂料粉刷，外廊采用钢结构和杉木吊顶。

1. 改造前南侧鸟瞰

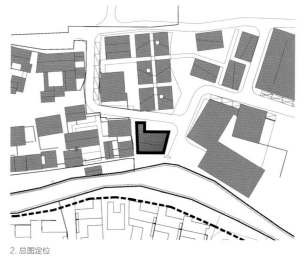

2. 总图定位

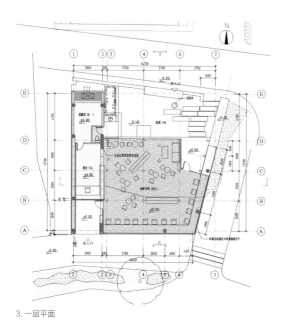

3. 一层平面

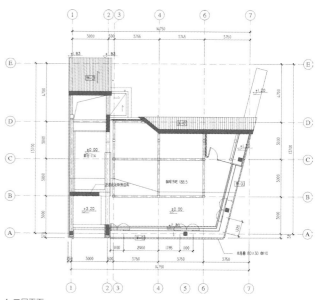

4. 二层平面

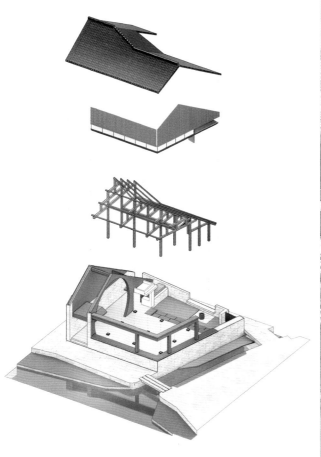

1. 结构分析图

2. 施工现场照片

3. 外立面（效果图）

4. 外立面（实景图）

实施成果 – 长租公寓
Implementation

建筑师: 李振宇团队

项目背景与基地环境

　　长租公寓将作为核心区内自持运营的公寓。场地位于北片区中部，毗邻漂浮院、匠人院子、双生院和艺术家院子。场地中有水系穿过，结合景观设计，可成为长租公寓及北片区中部的景观庭院。项目总建筑面积为2476m²，其中老建筑面积为149.5m²。客房建筑为49间，其中东侧院落21间，西侧院落28间。

设计理念:

　　与古为新，新旧共生

　　建筑形象吸收江南水乡建筑风格、屋顶形式与建筑立面对传统民居进行重构。以中部水景为界，分为东、西两组院落，通过步行连廊连系，相互交融形成步移景异的空间体验。

1. 项目区位

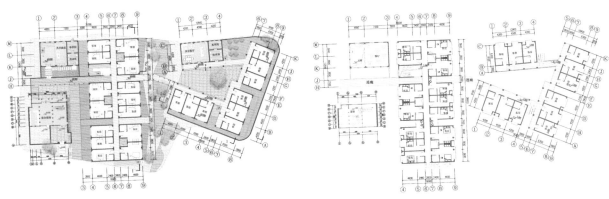

2. 一层平面　　　　　　　　　　　　　　　3. 二层平面

2. 水景连廊（效果图）

1. 保留诸家宅现状

3. 西立面（效果图）

4. 鸟瞰（效果图）

新安村稻田驿站
Xin'an Village Paddy Fields House

项目位置：崇明区，三星镇，新安村
设计机构：中船第九设计研究院工程有限公司　设计师：谢高皓

1. 新安村稻田驿站（效果图）

项目概况
Project Overview

本项目是 2019 年由上海市规划和自然资源局、上海市崇明区人民政府共同主办的上海乡村振兴大赛（崇明站）稻田驿站组评选第一名方案。项目位于崇明区三星镇新安村玉海棠生态科技园内，基地北侧靠近海安南横河，东侧紧邻田间小路，西、南、北三侧均被稻田环绕，项目总建筑面积1000m²，主体建筑包括多功能厅、乡村振兴展厅、稻田茶室、会议室、餐厅配套等功能。项目由中船第九设计研究院工程有限公司设计施工总承包，目前正在建设过程中。

2. 主入口（效果图）

3. 稻田茶室室内（效果图）

作品介绍
Introduction

稻田驿站设计理念——"上禾洞舍"

本项目基地位于稻田中央，周围现状无农舍遮挡，其特殊的基地条件给设计工作提出了较大的挑战，如果按照常规设计手段——提取江南文化元素再结合现代建筑语言，势必导致设计结果的同质化，浪费了如此难得的用地条件。因此，面对这块基地，建筑师弥足珍惜，希望以批判的地域主义精神，探寻一条属于田野本身的建筑营造方式。

设计师本着"追根溯源，坚持本真"的原则，深入反思乡村振兴背景下的设计方法。设计通过对崇明当地民居发展历史的研究，将崇明农耕时期的原始民居"环洞舍"作为设计原型，早期的农民在田间搭设棚舍，日出而作，日落而息，这种原始农业社会下的房屋建造方式不正反映出建筑最本质的属性吗？因此，在田间搭设草棚的想法由此展开。

整个设计响应场所精神，立足于稻田，又仿佛生长于稻田。方案取名"上禾洞舍"，意为"漂浮于田野之上的洞状房子"，整个建筑形态追求野趣、朴拙的田园气息，建筑以竹木维护、稻草敷顶，回归原始制造，力求在乡村振兴的大背景下，唤醒人们对田野间的原始记忆。

1. 稻田驿站选址区位（实景图）

2. 总平面图

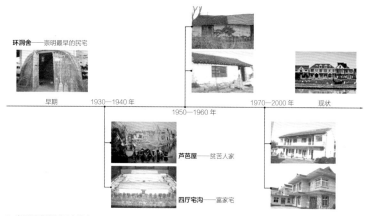

3. 崇明民宅发展历史研究

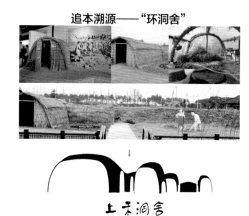

追本溯源——"环洞舍"

上禾洞舍

4. 设计理念

5. 功能分区

实施成果
Implementation

设计立足田园野趣，采用七个大小不一的单体，进行有序组织，形成高低错落、虚实相间的有机聚落。

由于建筑形体是不规则曲面，单体建造采用钢结构框架，每个单体由不同数量的主钢梁搭建，每榀钢梁之间用檩条串联，在结构外侧布置保温层、镀锌钢板屋面、防水层，最外侧装饰层为竹丝瓦屋面。为实现室内外建筑材料的统一，打造乡土化的空间感受，建筑室内装饰面层采用九里板＋芦苇席打底，竹竿装饰面层。室内家具及主光源均采用竹木材料。

本项目目前处于主体屋面施工及室内装饰设计阶段，2021年5月全部建设完工，并于花博会前投入使用。建成后的稻田驿站，将成为新安村玉海棠科技园内的标志性建筑，为新安村的旅游接待及新闻发布提供场所，为三星镇稻田风貌提升贡献一份力量。

6. 多功能厅主体结构吊装（实景图）

7. 多功能厅主体结构吊装（实景图）

8. 主体结构及屋面完工（实景图）

9. 稻田驿站夜景（效果图）

北双村村上酒店
Beishuang Village Cunshang Hotel

项目位置：崇明区，港西镇，北双村
设计机构：拾集建筑　设计师：徐意俊，许施瑾，丁苓

1. 北双村村上酒店（实景图）

徐意俊：
公司创始人

许施瑾：
公司创始人

丁苓：
项目负责人

拾集建筑是一家集建筑设计、室内设计咨询、跨界设计咨询及项目管理为一体的设计公司，我们的设计原则充分体现了其设计价值观——设计、关联、创新。我们始终坚持使用本地化、真实质感的基本材料进行加工、丰富细节，在项目落地成本上有效控制预算并达到设计效果，同时具有可持续发展前瞻性。

项目概况
Project Overview

基地面积：约 3933m²
建筑面积：869m²

2. 项目区位图

3. 北双村村上酒店 - 改造前（实景图）

设计区域
主要道路
稻田
河流

1. 总平面图

作品介绍
Introduction

北双村位于崇明中部地区，区域生态环境正在逐步改善，同时村内大力推进美丽乡村建设，目前在三湾公路沿线坐落着以果蔬生产、采摘为主的专业合作社及以水稻种植为主的家庭农场。

拾集建筑负责改造的是北双村两幢普通的农家小楼，原建筑是非常传统的农村住宅结构，三层的小楼满足一家人的生活需求，周边由一整片稻田围合，形成了一个独立的小院。

村上酒店的改造目的之一就是实现建筑与自然、人与自然的完美契合，让城市中的人在这里可以体会乡村、自然的乐趣。同时紧跟村内建设中"家庭农场"的概念，在改造时最大限度地将建筑对稻田打开，让人能由蜿蜒的乡间小道走进稻田深处的亭台当中，将整个稻田变成酒店的后花园，让人自然而然地融入其间。入住者可体会农作生活，亲自进行果蔬的种植、采摘，切身感受水稻的生长过程。一宅一院一口田，是中国最传统的生活形式，"小而适意，朴素精致"是对传统村居生活最美好的形容，村上酒店的设计便是希望还原这种田园生活感受。

在设计中采用了黑白的经典搭配，配上温暖的原木色，重新定义了村上美学，在保证现代生活的基础上传承乡间的质朴感受。庭院、露台、稻田，房间内外蔓延的都是乡村的美好。

1F　　　　　2F　　　　　3F

2. A栋平面图

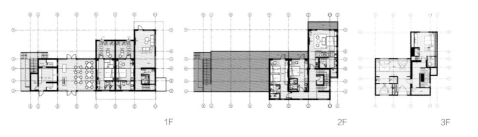

入户花园
阳台/露台

1F　　　　　2F　　　　　3F

3. B栋平面图

实施成果
Implementation

　　建筑设计时采用黑白经典配色，大面积的白墙配上强烈对比的黑色点缀，线条分明的建筑形式在自然景观中精神十足。室内部分大多采用原木色设计，保留农家生活的温馨自然，家具配饰的选择也旨在体现生活的质感。

　　一楼大部分面积对外开放，设计时期待将之作为北双村的大客厅而存在，外来的入住者与本地村民可在其中进行交流。同时引进创意绘画，提供一种记录生活的形式，也是一种文化交流方式。

1. 建筑外景（实景图）

2. 稻田面馆（实景图）

3. 星空捌号（实景图）

4. 客厅空间（实景图）

5. 露台陆号（实景图）

北双村村上酒店 Beishuang Village Cunshang Hotel

115

黄桥村村级公共服务中心
Public Service Center in Huangqiao Village

项目位置：松江区，泖港镇，黄桥村
设计机构：上海诚建建筑规划设计有限公司　设计师：邵治文

设计理念：

"古韵悠扬的建筑，如诗如画的庭院。"

城市规划由城镇向农村地区延伸，建设相对独立、功能完善、具有特色的郊区乡村公共配套环境，推动郊区的城市化进程，成为新农村建设的重要示范区，是本方案的设计目标。提升农村公共配套服务的质量，加强农村文化文明建设，提高农村公共服务水平，在新农村建设上，完善村级文化设施，弘扬乡贤文化，健全社区服务体系。

同时在建设工艺水平上加强生态保护，采用装配式建筑施工建设。村委会及配套服务和居民楼设计更多体现"中国元素，江南韵味"等特色，让建筑扎根于本土地域文化，成为新农村建设的典范。

1. 主入口（实景图）

邵治文:

上海诚建建筑规划设计
有限公司方案设计总监

主要研究:

近年来研究装配式建筑的设计实践与可持续性发展

国家"十三五"重点研发计划项目"南方地区城镇居住建筑绿色设计方法
与技术协同优化"

国家"十三五"重点研发计划项目"高性能装配式混凝土结构体系优化及
其设计理论"示范工程

上海市建委关于装配式超低能耗建筑技术研究与示范应用

上海市科委装配式韧性建筑可恢复技术研发与工程示范

项目概况
Project Overview

场地基本情况:

项目基地北临北六勒河,西临黄桥中心路,南临村规划路。用地面积约
12330m²。

公共服务中心包括村民大食堂、幸福老人村、村务综合楼、农技服务站以及
展厅。

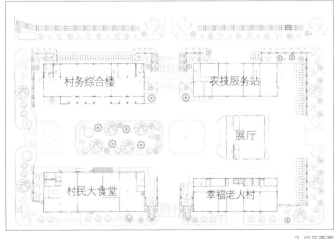

2.总平面图

作品介绍
Introduction

院落式建筑　　围合式庭院　　装配式营造

干净简洁的入口空间塑造了黄桥村江南韵味新农村的形象，围合式庭院使得各建筑单体得到最大化的景观共享。建筑功能结合村务综合楼、村民大食堂、幸福老人村、农技服务站、中心卫生室、便民超市商店、乡土展示馆等设置，使村民不出村就能享受到各项社会公共服务。

主入口对景壁墙结合围墙的设置，圈定了入口空间的基调，对景壁墙圆形的开孔进行了视觉的延伸。

建筑整体展现出了活泼、朴素、淡雅的风格。西侧小内院的设置更赋予了中国传统文化的特色，又融合了现代人生活，使得建筑与庭院融为一体。

1. 村民大食堂（效果图）

2. 村民大食堂主入口（实景图）

3. 村民大食堂（实景图）

1. 钟楼（实景图）

2. 村民大食堂（实景图）

3. 幸福老人村（实景图）

4. 幸福老人村（实景图）

实施成果
Implementation

建成后建筑与院落整体结合自然显得幽静，雅观。采用白色、灰色作为主基调，完成后项目整体以现代东方主义加江南韵味展现建筑形象。

同时在有限的造价预算内，建筑效果追求简约而不简单，造型元素结合装配式特点，追求中国韵味的园林空间使得方案为实现"生态农村、亮丽农村、幸福农村"目标提供了强有力的支撑。

简洁的造型和线条塑造鲜明的建筑表情，黑白灰的江南稳重色调和对称性手法，巧妙地平衡了现代乡村建筑和古典江南韵味的气质，体现"江南韵味"特色，让建筑扎根于本土地域文化，使其成为新农村建设的典范。

1. 村务综合楼主入口（实景图）

2. 村务综合楼（实景图）

3. 农技服务站（实景图）

4. 农技服务站（实景图）

1. 展厅（实景图）

装配式技术应用：

　　整体项目建造采用装配创新技术方案，预制结构外墙、楼板、楼梯及坡屋顶全预制屋面板。装配整体式混凝土结构节能环保，在工程建造中节约大量模板，缩短工期。

2. 装配式室内

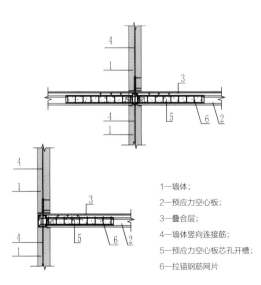

1—墙体；

2—预应力空心板；

3—叠合层；

4—墙体竖向连接筋；

5—预应力空心板芯孔开槽；

6—拉锚钢筋网片

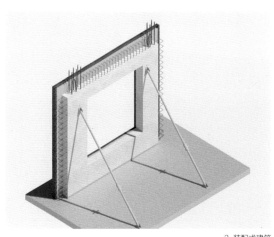

3. 装配式建筑

向阳村接待中心
Reception Center in Xiangyang Village

项目位置：嘉定区，安亭镇，向阳村
设计机构：冶是建筑　设计师：李丹锋，周渐佳，聂方达，李婉霖，叶之凡，顾汀（实习）　结构顾问：上海源规建筑结构设计事务所

1. 正面人视（实景图）

向阳村是一个兼具时代感与普遍性的村名,仅上海的向阳村就不止一个。嘉定的向阳村在上海边缘,毗邻江苏省昆山市,不同的开发方式在两个地界形成了反差巨大的景象:向阳村内保留了大量开放农田,一街之隔的昆山则高楼林立,俯瞰上海界内农业为主村落。向阳村发展的大语境作为上海的乡村建设,既不同于乡村的乡土意象,又要保留村野的景观特征,这就需要在城与乡,传统与当代之间取得一种平衡。

李丹锋:

公司创始人

周渐佳:

公司创始人

冶是建筑由李丹锋、周渐佳创立于上海,致力于当代中国建筑实践与研究。快速城市化与内部空间的嬗变是中国实践的现状,公司希望以此作为设计的出发点,通过对都市策略、建筑本体与呈现方式的思考,不断探索建筑学的外缘。

在过去的数年间,冶是建筑完成了包括城市设计、基础建设、建筑、室内等多重尺度的项目,并且积累了多个独立研究。这些实践与研究的经历相互支撑,形成了公司独特的工作方式。

项目概况
Project Overview

向阳村接待中心的主要功能包括:接待、展示等。项目占地约 583m²,建筑总面积约 188m²,2018 年 11 月启动施工。

2. 背面人视(实景图)

作品介绍
Introduction

设计理念：

　　2018年春天，冶是建筑受邀为向阳村设计一个接待中心，接待中心的面积不大，功能也较简单，于是基地所在的果园和村野风光就成了考虑的首要条件。设计希望将立面尽可能开放，让环境渗透入室内。这影响了结构上的决定：常用的粗柱子被打散成截面细窄的柱列，以轻钢密柱结构围合边界，兼作门窗框的支撑。如此达到没有柱子遮挡的空间效果，同时保证景观界面的延续性。整个接待中心最有表现力的部分留给了连续折面屋顶，也呼应当地传统民居的屋顶做法。

1. 总平面图

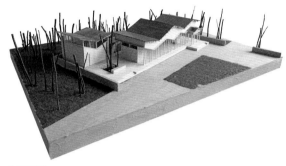

2. 模型照片

3. 剖透视图

4. 施工现场（实景图）

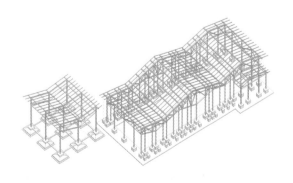

5. 结构设计

6. 施工现场（实景图）

实施成果
Implementation

1. 北立面（实景图）

2. 立面细节（实景图）

3. 正面鸟瞰（实景图）

向阳村农业展览体验馆
Agricultural Exhibition Experience Hall in Xiangyang Village

项目位置：嘉定区，安亭镇，向阳村
设计机构：锋茂建筑　设计师：王坚锋，Nico Willy Leferink，杨艺，和丁丁　结构顾问：上海源规建筑结构设计事务所

1. 向阳村农业展览体验馆（实景图）

王坚锋：

上海交通大学建筑工程系学士
同济大学硕士
锋茂建筑主持设计师

主要研究：

城市更新、产业园区、田园综合体以及商业综
合体设计

项目概况
Project Overview

场地基本情况：

基地面积：约2732m²，原有厂房占地面积：917.5m²

向阳村农业展览体验馆利用现烘米厂改造而成，功能在保留原有烘米厂功
能的基础上，利用原有建筑闲置空间以及屋面，植入一些展厅/游乐空间、
咖啡厅/餐厅、农用办公、茶室/图书馆等，激活了整个建筑与乡村。

2. 向阳村农业展览体验馆 - 改造前（实景图）

作品介绍
Introduction

设计理念：

锋茂建筑负责改造的烘米厂，位于一大片麦田中央，是村里最高最凸出的一栋建筑。烘米厂也一直是向阳村村民每年都定期使用的设施。作为标准的农业建筑，内部空间布局与使用功能一一对应，内部空间雄伟，具有典型的现代主义建筑的特点。

但作为一个季节性使用的农业设施，大部分时间是闲置的。我们希望通过建筑的改造、功能的植入将村民的日常生活以及米文化的展示与教育在建筑里得到表达。

首先，我们通过对原有内部空间以及外立面简单清理的基础上，保证原有建筑内部烘米功能正常使用。其次将一张连续的表皮包裹在原有建筑外侧，为了达到公共活动楼梯平台以一个轻盈的姿态和原有建筑对话的效果，选择了"人"字形钢结构支撑体系成为最后选择的结构方案：以两组"V"形支撑两组连续面，达到了轻盈支撑的漂浮效果。

内部一方面保留了原有的烘米厂功能，在原有闲置空间布置米文化展厅、咖啡厅等功能强化参与性以及教育功能。

我们希望通过对一个和农民日常工作结合起来的建筑的改造，为人们提供一个视觉上的聚焦点和活动上的聚集点，为乡村的美化振兴提供一个起点。

1. 总平面图

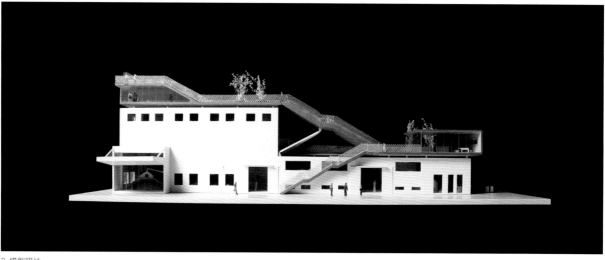

2. 模型照片

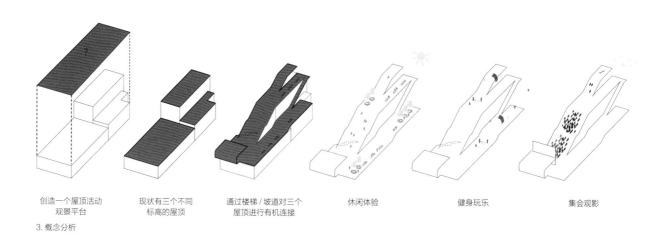

创造一个屋顶活动   现状有三个不同   通过楼梯/坡道对三个   休闲体验   健身玩乐   集会观影
  观景平台   标高的屋顶   屋顶进行有机连接

3. 概念分析

1. 远景（实景图）

2. 台阶之下（实景图）

3. 田野中（实景图）

4. 鸟瞰（实景图）

实施成果
Implementation

乡悦华亭（农业展示中心）
Agricultural Exhibition Center

项目位置：嘉定区，华亭镇，联一村、联华村
设计机构：goa 大象建筑设计有限公司，同济大学建筑设计研究院（集团）有限公司　设计师：陈斌鑫，叶李洁，常磊，张夏

1. 农业展示中心立面图（效果图）

乡悦华亭（农业展示中心）

Agricultural Exhibiton Center

陈斌鑫：

goa 大象建筑设计总建筑师
国家一级注册建筑师

主要研究：
文化教育，总部办公，城市景观，城市更新，小镇项目，高端住宅，奢华酒店会所等众多领域。

张夏：

同济大学建筑设计研究院（集团）有限公司建筑师
国家一级注册建筑师

主要研究：
文化教育，小镇项目，高端住宅。

项目概况
Project Overview

基地面积：05-01 地块：782m²
建筑面积：02-01 地块：470m²
西侧为现状道路，南侧和北侧以及东侧为现状农田。

2.项目区位图

3.改造前（实景图）

作品介绍
Introduction

乡悦华亭项目一期05-01地块为农业展示中心，西侧设置主要出入口，并设置消防道路，北侧、南侧与东侧布局农田菜园景观。

建筑北侧为二层体量，西侧、南侧与东侧为一层体量。建筑由西侧进入，主要内部动线围绕中庭呈"回"字形布局，设有办公区及公共展示接待洽谈区，外部动线围绕外田展开，营造内有内庭外有农田的空间层次。建筑立面采用传统中式风格加落地玻璃，使内外更加通透，充分与外部农田和内部庭院融合，营造乡村农业展示与办公的典范。

区别于城市模式的办公设计，农业展示中心四周均为自然的农田风貌，如何在充分尊重周边环境的前提下，协调现代办公与自然农田之间的关系，是本项目首要解决的问题。

在当下时代的设计思潮中，回归自然的审美已成为主流，不论在自然还是人为空间中，光线对于气氛的影响都格外重要。庭中有水，厅堂有光。都市人依赖现代文明与便利，又时常想从繁忙的节奏中抽离，在这里融入乡野的返璞之境中，可以深深体会到。

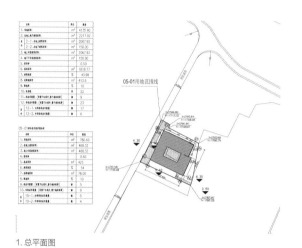

1. 总平面图

2. 南立面（实景图）

3. 南侧室外（实景图）

实施成果
Implementation

　　设计在充分考虑绿色节能的前提下，在面向农田的东南两侧设置了较大面积的落地玻璃幕墙，一方面增强了农业展示中心作为办公建筑的现代感，与该项目其他地块内的酒店区形成区别；另一方面最大限度地将室外农田自然景观引入室内，形成良好的内外交融，打造独具乡村特色的现代办公环境，使得光影亦成为空间的主角，犹如竹影绰绰，变幻万千。

　　建立了以农业服务为特色、生活服务为基础、健康为补充、文化为内核，覆盖全龄段、全家庭、全周期的特色生活服务体系。让人们在四季田园与农庄宅院中体悟美好生活的真谛，脚踩大地，采摘瓜果，喂食动物，在田野里无拘无束地奔跑，在桑荫下自然欢笑，美妙之景其乐融融。

1. 东南侧透视（实景图）

2. 后庭院（实景图）

3. 鸟瞰（效果图）

R esidential Building

住宅篇

从全国来看，乡村住宅建设和设计，长期以来都是重要问题。因为它不仅直接关系到村民的生命安全和生活舒适度，还直接关系到乡村地区的建设用地集约性。在全国严格控制建设用地增长的大背景下，后者并未随着城镇化快速进展而减少，反而呈现出持续增长的态势，已经引起了人们的高度关注。特别对于已经锁定城乡建设用地规模上限的上海而言，这个问题显然更为突出，这也是上海在乡村地区持续推进集中居住和建设用地减量化的重要原因之一。这样的时代背景，在很大程度上影响了上海乡村地区住宅建设和设计工作的走向及其探索的重点方向，收集的作品也都有不同程度的体现。

　　在推进农村平移集中居住的工作中，如何在集约建设用地和控制总体造价的基础上，兼顾江南水乡居住空间的肌理及其传统建筑风貌特征保护，以及明显改善住房品质和提升公共服务以适应现代生活需要，这些都是颇具难度的挑战。保留的居民点，也同样面临着较为迫切的改善住宅品质以适应新发展需要的压力。本书所收集的作品，都在这些难题上进行了积极探索，并且取得了重要经验。

　　总体上来看，在合理控制集中居住的用地和建设规模的基础上，遵循既有的用地肌理和优化布局，是保护传统江南水乡居住空间肌理的重要前提。在确保住宅房屋设计适应村民新生活需要的基础上，合理控制建筑高度和体量，避免整齐划一，以形成错落有致的整体形态效果，同样是保护传统江南水乡居住空间肌理的重要手段之一。在此基础上，宅基地的前后场地关系，以及必要的元素符号，都是保留传统记忆的重要手段。

　　当然，相比量大面广的集中居住和保留改造的需要，已有的作品仍然可以说处于早期探索阶段，更为成熟的经验需要在探索中不断总结和提升。

水库村农民集中居住点一期南片
The First Phase of Peasant Residence in Shuiku Village

项目位置：金山区，漕泾镇，水库村
设计机构：同济大学、同济大学建筑设计研究院（集团）有限公司　设计师：姚栋

1. 鸟瞰（实景图）

姚栋：

同济大学建筑与城市规划学院
建筑系副教授、博士生导师
院长助理、学术部副主任

水库村农民集中居住点一期南片

The First Phase of Peasant Residence in Shuiku Village

项目概况
Project Overview

整治范围：绿化整治提升，约236257.1m²

整治内容：入口空间、庭院空间、公共节点、停车场、道路等。

南连章堰村，北与鹤联村相接。

为改善农村人居环境，提高生活服务水平，节约集约利用土地，金山区漕泾镇水库村积极推进农民集中居住工作，将沿主干道——水泾路规划建设二期农民集中居住点。全村现有宅基439户，规划保留193户，需要集中居住246户，其中符合集中建房申请228户。水库村农民集中居住点一期南片区项目委托同济大学进行高标准规划设计，在保留原有水乡风貌的基础上打造空间功能复合利用的农村集中居住社区。

2. 总平面图

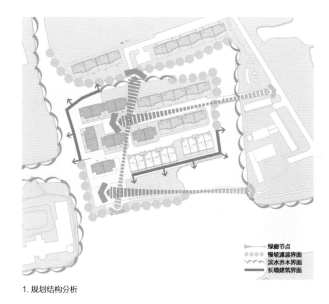

1. 规划结构分析

绿廊节点
慢坡滩渡界面
滨水乔木界面
长墙建筑界面

作品介绍
Introduction

设计理念：

新江南田园，不仅要美得超群，还要可复制、可推广。水网密植的平原和水平延伸的聚落是江南田园最重要的特征，而当前大量集中建设的保留村庄却呈现呆板的线性行列式布局，过于理性而缺乏自然特征。针对当前上海乡村风貌失去郊野韵味的问题，方案提出了"强化自然禀赋，生产性公共空间，传统轮廓未来内涵"三项设计策略。目标为打造一个与古为新，面向未来的农民集中居住点。

方案特色：

①强化自然禀赋。围绕"水田林路"的自然郊野特征塑造农村集中居住点风貌。500m 长的中心河水面，石板桥、生态草坡与候船亭组成的岸线，白色围墙与硬山、重檐和山形黑色屋顶，以及穿插其间的乔木共同组成了蓝、褐、绿、白、灰、黑的多层次水平线条，展现与大地亲近的生态村庄意象。

②生产性公共空间。300m² 的滩渡布置了菜畦、滩渡口和大树广场等三个生产性公共空间。菜畦种植着蔬菜和果树，既是村民的自留地，也可以是游客认领的生态菜园。滩渡口既是游船和赛艇码头，也是钓鱼休憩的滨水平台。朴树树冠限定出传统意象的村口广场，农时是晒谷场，闲时则是游客与村民同乐的第三空间。

③生产与生活兼容。农民集中居住点的村宅设计兼顾了农民自住与乡村旅游的可能性。通过双出入口的设计与对于空间的精细化划分，每种户型都可以形成农民自主的私密性空间和可以对外出租的经营性空间。两部分可分可合，互不干扰。经营性空间充分考虑了标准化设计，具备了集中经营形成规模化接待能力的可能性。

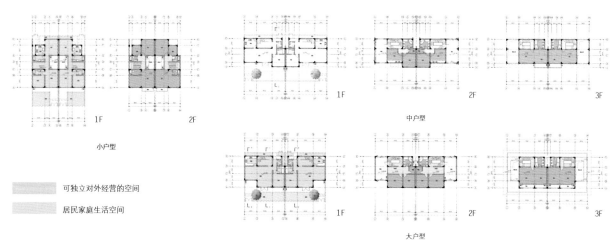

1F   2F

小户型

可独立对外经营的空间

居民家庭生活空间

1F   2F   3F

中户型

1F   2F   3F

大户型

2. 各户型平面图

实施成果
Implementation

　　本项目在实施过程中充分考虑色彩与环境的融合，选取浅灰、深灰、黑色与木色相结合的配色与简洁的立面材质，营造出具有现代气息的郊野风貌，意料之外，情理之中。

1. 石板桥（实景图）

2. 摊渡口（实景图）

3. 石水岸（实景图）

4. 北面荷塘视角（实景图）

和平村和平里村民集中居住点

Hepingli Villagers' Concentrated Settlements of Heping Village

和平村和平里村民集中居住点

Hepingli Villagers' Concentrated Settlements of Heping Village

项目位置：金山区，吕巷镇，和平村
设计机构：中国美术学院风景建筑设计研究总院有限公司　设计师：方春辉

1. 和平里村民集中居住点（效果图）

项目概况
Project Overview

基地面积: 72702m²

建筑面积: 81345.52m²

地块西邻金石公路, 北至中运河, 南靠白龙湖 (规划)。

场地平整, 少数现状建筑, 大部分为现状农田。

2. 项目区位图

3. 和平里村民集中居住点 – 改造前 (实景图)

141

作品介绍
Introduction

项目在设计之初，通过政府、运营公司、村民、设计院间的多方讨论，决定采用"就地上楼"的村民安置模式，在建设过程中引入社会资本参与建设，减轻政府负担，同时针对现在农村房屋空置率较高的问题，引入运营公司统一管理，村民后期分红，增加收入的多赢策略。"就地上楼"的形式，能保证较高的节地率数值，满足政策层面的需求。同时有利于运营统一管理与协调，创造更大的资产升值空间，为村民增收创造条件。

通过对居住点整体风貌的把控，继承农村原有的乡风乡貌，使之有别于传统的城市化安置房建设项目，为居民或创业者提供更农趣、更宜人的居住环境及政策利好，从而吸引居民回乡居住，创业者回乡创业。

项目用地南北两面邻水，西侧紧贴城市绿化带，周边景观条件优越。方案通过内部的空间的合理组织，形成"一纵两辅"的内部景观轴，使居住区内部的景观资源辐射最大化。

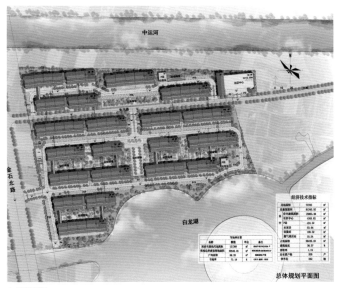

1.总平面图

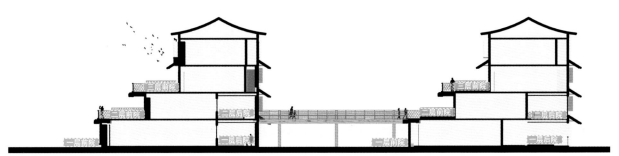

2.建筑"层层退台"概念（分析图）

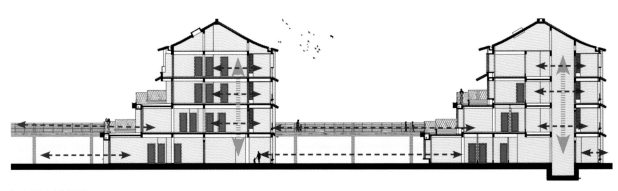

3.空中连廊（分析图）

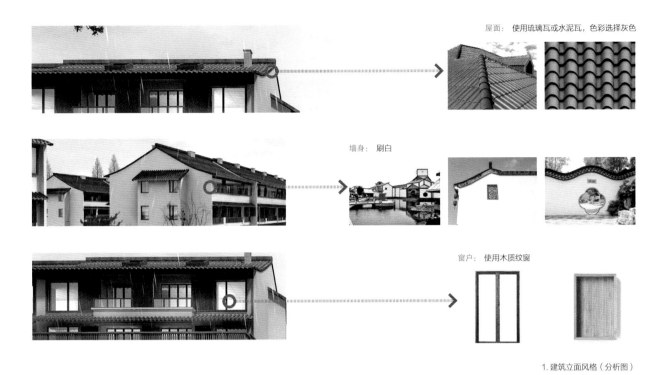

屋面：使用琉璃瓦或水泥瓦，色彩选择灰色

墙身：刷白

窗户：使用木质纹窗

1.建筑立面风格（分析图）

2.鸟瞰（效果图）

143

1. 建筑（实景图）

2. 组团景观（效果图）

3. 滨湖建筑（效果图）

实施成果
Implementation

  本次设计对吕巷镇周边本土建筑进行了深入的调研，力求通过还原本土元素后的"再生长"，达到既能满足当地百姓对于美好生活的需求，同时又能记得住乡愁。

  为了打造和谐健康的新农村社区，营建互助友爱的邻里环境，方案在设计过程中，布置了丰富的竖向及水平交通系统，居民不用下楼，便可在整个社区走亲访友，将平面化的农村原始形态垂直化。

  同时，尽可能避免居住环境城市化，保留乡村独有的那份情愫，在设计过程中，将种植绿地布置在各宅前屋后的平台中，使整个社区层层有绿地，户户有地种。

1. 建筑侧立面（效果图）

2. 退层露台（效果图）

3. 连廊（效果图）

4. 中心景观（效果图）

联一村安置房项目一期

Lianyi Village Resettlement Housing Project Phase I

项目位置：嘉定区，华亭镇，联一村

设计机构：goa大象建筑设计有限公司，同济大学建筑设计研究院（集团）有限公司　　设计师：陈斌鑫，吴岳啸，魏松华，蔡盼，刘文婷

1. 联一村安置房项目一期（实景图）

陈斌鑫:

goa 大象建筑设计有限公司总建筑师
国家一级注册建筑师

魏松华:

同济大学建筑设计研究院（集团）有限公司都城建筑设计院
副所长、主任建筑师
国家一级注册建筑师

项目概况
Project Overview

基地面积: 102663.1m²

建筑面积: 48439.5m²

项目以蒲华塘为界分为东西两个地块，东侧公建用地
预留配套服务设施。

2. 项目区位图

3. 联一村安置房项目一期 - 改造前（实景图）

作品介绍
Introduction

　　乡悦华亭旨在打造美丽乡村、现代农业、主题农旅、乡居颐养"四位一体"的农旅田园综合体，联一村的归并安置是其中的首批安置项目，关乎187户村民的安居乐业与整个田园综合体项目的实施。项目力求遵循村庄自然肌理，还原江南水乡粉墙黛瓦、小桥流水、枕水而居的风貌；满足节地要求，将配套设施纳入村民生活体系，打造高水平上海乡村人居环境。

　　由于项目的先试先行性，设计需多方面考虑去应对建筑方案指导详规，现场施工指导方案修改的情况。同时用地指标严控，需对自然村落进行集中归并安置满足节地要求，又应保留乡村风貌，避免兵营式布局。

　　项目总平面采用组团式布局，组团内尽量缩小间距，节约土地；组团之间空出自留地，打造自然田园风光，单体采用传统民居2—3层的南庭北院形式，联排组合，满足农民对农耕生活的需求，同时集约化建设用地；通过设置门廊、阳台、露台等灰空间，最大化利用南向开间，丰富空间层次和立面。

　　场地设计方面，通过优化布局形态及单体设计，尽可能节约建筑占地面积及宅基地面积，推进低效建设用地减量化，同时保护和还原耕地，打造拥有宜人乡村景色的田园住居。

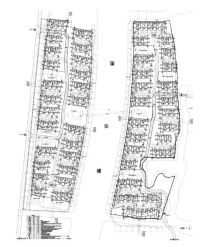

1. 总平面图

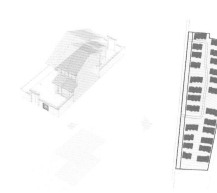

规划户均占地面积：0.82亩/户

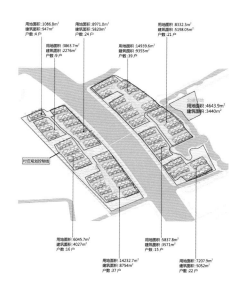

2. 概念分析

3. 透视图（实景图）

实施成果
Implementation

　　规划设计遵循村庄自然肌理，通过组团布局手法，还原"田在村中、村在田中"的自然村庄形态；科学规划路网与停车位，每户可便捷停车入户；统一进行景观设计，打造村庄入口、步行桥、沿河景观、活动场地等，将现代化配套设施纳入村民生活体系，打造高水平乡村人居环境；每户都有前庭后院，庭院外围沿路还设置了自留地，可根据居民需求做小花园或者菜园。

　　建筑造型采用粉墙黛瓦的设计，层层退让创造出阳台、露台等功能空间，同时丰富立面层次；通过不同面积的单元进行错位拼接，形成高低错落的天际线和山墙面；每户门头及院墙也精雕细琢，镂空花窗的设计既保证用户的隐私又不失古典之美。

　　户与户的拼接采用双墙拼接，保证每户都有独立的外墙体系，规避了户与户之间的界限纠纷，奠定了邻里和谐的基础。

1. 单体立面图 1（实景图）
2. 单体立面图 2（实景图）
3. 单体立面图 3（实景图）

向阳村村民住房更新设计

Renewal Design of Villagers' Housing in Xiangyang Village

项目位置：嘉定区，安亭镇，向阳村
设计机构：上海江南建筑设计院（集团）有限公司　设计师：韩垠屏，张伏波，陈佳婉

设计定位：从保留历史风貌角度出发，对农民房屋进行建筑风貌设计，遵循乡村自然规律，保护村庄肌理，同时体现上海乡村文化特色的符号和元素。提炼体现嘉定乡村文化特色的符号和元素，形成农房设计的管控导则，有风貌更要有韵味，有入眼的景观更要有走心的文化，彰显品牌特色。

1. 新建民宅远瞰图（实景图）

韩垠屏：

上海江南建筑设计院（集团）有限公司
哈尔滨工业大学建筑学硕士
国家一级注册建筑师
注册城乡规划师
高级工程师

向阳村村民住房更新设计

Renewal Design of Villagers' Housing in Xiangyang Village

项目概况
Project Overview

区位: 向阳村位于安亭镇西北角，与江苏昆山毗邻，东西南向靠城镇板块，北向与外冈郊野公园连片。

概况: 为实现向阳村特色风貌，村民住房更新设计按统一设计风貌指导村民自建住房，根据政府指导面积要求，设计5套建筑方案，供村民自主选择，并编制风貌控制导则，指导村民自建，并实现统一风貌特色。

2.区位图

作品介绍
Introduction

嘉定风貌研究：

　　嘉定的建筑，具有浓厚的地方特色。嘉定的房屋在苏式风格的基础上，又添徽式建筑的某些特色，再加上嘉定师傅的匠心创造，几百年来形成了嘉定建筑精致而内敛的特点。嘉定的传统民居保留下来的已是凤毛麟角，但从这些仅存的保留建筑上，我们仍能看到嘉定民居的独特特色，具有代表性的山墙、屋脊、门窗，江南特色的粉墙黛瓦，无一不彰显着这片江南水乡的传统建筑符号，这也正是我们要保留和继承的文化特色。

风貌控制指导：

　　为了尊重原有村落布局和肌理，通过拟定风貌控制手册，指导村民在原有宅基地自建农民房。从布局、屋顶、外墙、装饰构件、围墙等方面设定标准样式和做法，提供多款房型、立面，供村民选择。既保证总体风貌的统一，又尊重村民根据自己需求和喜好，选择自家的样式和特色。

1. 民宅设计方案一（效果图）

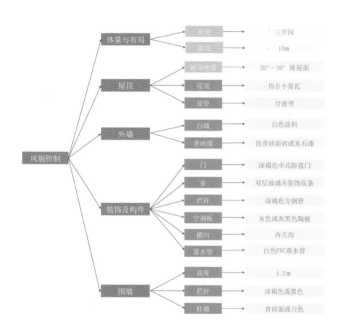

2. 民宅设计方案二（效果图）

3. 新建民宅（实景图）

4. 新建民宅（实景图）

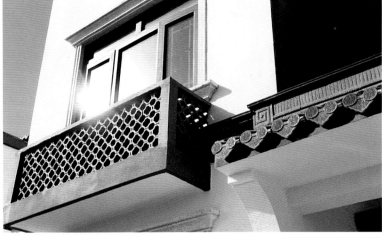

1. 新建民宅细节图（实景图）

2. 新建民宅细节图（实景图）

实施成果
Implementation

"黑、白、灰"的民居色彩

嘉定民居的淡雅色彩与北方红墙黄瓦的浓墨重彩有着鲜明差别，它勾勒的是一幅清淡的中国山水画，把江南农村特色渲染到了极致，这也是它最负盛名和最具特色所在。

"轻、秀、雅"的建筑风格

这不仅体现在建筑细部上，如门窗、屋檐、门廊、梁柱、阳台、栏杆等，也体现在建筑整体把握上，从人性方面也吻合嘉定教化之城的特点。

"情、趣、神"的园林意境

嘉定园林自有特色，小巧灵活，精致典雅。在环境的构造上，为人们提供了一个思考的意境和精神家园。

3. 整体图（实景图）

新强村住宅设计
Residential Design of Xinqiang Village

项目位置：奉贤区，金汇镇，新强村
设计机构：上海创盟国际建筑设计有限公司　设计师：袁烽，韩力，RJ，Jerom，李乐嘉，赵川石，伍颖琳，唐静燕，陶曦

1. 金汇镇新强村住宅设计（效果图）

袁烽:

博士
同济大学建筑与城市规划学院教授,副院长
中国建筑学会计算性设计学术委员会副主任委员
上海市建筑学会数字建筑分会主任
上海市数字建造工程技术中心学术委员会主任

主要研究:

建筑数字化建构理论、建筑机器人智能建造装备与工艺研发,并在多项建筑设计作品中实现理论与实践融合,一直积极推广数字化设计和智能建造技术在建筑学中的应用。

项目概况
Project Overview

基地面积: 01–03 地块, 约 25060m²

建筑面积: 10115m²

位于大叶公路南侧, 东临新继路, 南侧一条新居路打通场地东西, 西侧、北侧和南侧有景观水系环绕。

2.金汇镇新强村住宅设计 – 项目区位图

作品介绍
Introduction

新强村住宅设计项目位于上海奉贤区金汇镇，东临新继路，南侧一条新居路打通场地东西，南北西侧有景观水系环绕。

项目用地 25060m²，总建筑面积约 11696m²，其中有 47 户为 2—3 层农民回迁房共 9845m²，其他为配套服务用房。47 户住宅部分采用江浙民居传统元素符号，尝试用当代的设计语汇转译。为了提高乡村振兴过程中的村民参与度及社区认同感，在住宅设计中提供四种类型户型以及大量建筑元素选项供村民现场自主选择：

第一步，住户首先从两种坡屋顶形态中选择一种，两种分别为内排水与外排水，第一个选择将直接影响住宅的外观形态。

第二步，村民可以自主选择立面的横竖两种颜色分区类型，同时每个分区提供了两种材质的选择，以得到多样的个性组合效果。

第三步，村民可以从两种入户门方案中选择其一，然后住宅的客厅与所有的卧室窗户都有三个各具特色的门窗开启分隔类型选项，以满足不同家庭需求。

最后，村民可以为自己的花园从三种院墙设计中选择一种，完成一个只属于自己个性定制的家。

1. 户型选项 2. 户型生成

3. 村民住宅选择步骤

Residential Design of Xinqiang Village

新强村住宅设计

实施成果
Implementation

　　建筑设计中继承了传统水乡白墙黛瓦的建筑特色，将新技术与乡土材料结合，运用较为简洁的立面处理，打造现代化的新中式的建筑风格。

　　为了提高村民参与度，增加乡社认同感与共同体意识，在住宅设计部分提供四种类型户型以及大量建筑元素选项，村民提前通过住宅选型卡了解选择和设计内容，然后现场和设计师互动，直观地自主选择建筑院墙、屋顶、墙装饰面、门窗等元素自由组合，即时完成住宅方案效果模型，并形成属于各户独一无二的住宅形式。

　　这种创造性的村民建房方式，避免传统住宅建设容易产生的千篇一律，创造丰富且有归属感的新江南水乡社区空间。

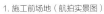

1. 施工前场地（航拍实景图）

2. 施工完成（航拍实景图）

3. 施工完成（航拍实景图）

4. 施工完成（航拍实景图）

沈陆村保留民居建筑风貌提升

项目位置：奉贤区，南桥镇，沈陆村
设计机构：奉贤建筑设计院　设计师：陈玉平，刘琳，徐陈明

1.沈陆村保留居民建筑提升（实景图）

陈玉平:

奉贤建筑设计院院长
在上海乡村振兴示范村的设计与研究过程中,致力于探索区域特色,还原自然村落。并率先实行EPC—设计施工一体化,最大程度地还原方案的同时,又能更好地把控项目进度与投资。

刘琳:

奉贤建筑设计院主创建筑师
主要研究概念设计,策划规划、建筑设计、乡村和建筑设计改造。

徐陈明:

奉贤建筑设计院建筑师
主要研究景观设计、园林设计
新农村建设以及建筑改造。

项目概况
Project Overview

场地基本情况:
基地面积: 约12902.1m²
建筑面积: 10126.3m²
安置户数: 48户

2. 基地鸟瞰

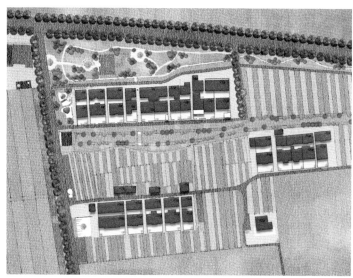

1. 总平面图

城市支路
景观步道
宅基道路
田间变道
乡村公路
弄堂步道

2. 交通分析图

作品介绍
Introduction

设计理念：

　　奉贤区南桥镇沈陆村本次对保留的 48 户居民做"风貌提升"，此次改造的三个宅基地村庄肌理规整，位于水、田之间，自然资源好，环境优美。通过多次深入走访当地村民，我们更加了解村民的需求与生活习俗。作为一个乡村居民的改造项目，我们认为不应停留在建筑本身，应该梳理"人、建筑、环境"三者之间的关系。因此，我们把此次改造的重点放在"宅前屋后的庭院、走家串门的弄堂、连接各组的田埂小路"等区域，并嵌入村民休闲公园、村民聚会小广场、景观步道等公共空间节点。我们始终遵循"自然、生态、回收利用"的理念。呈现出一个"土生土长、原生态"的沈陆。

方案特色：

　　1. 亲子 IP 的融入

　　沈陆村一大特色是有一个亲子农庄"田木果"，在这次村庄改造过程中，我们将其吉祥物"果果"作为一个 IP，融入村庄环境中。于是我们看到在弄堂之中的月亮门上躺着的、爬在电线杆上的、走在路上的、各种形式的"果果"，强化了"亲子村庄"这个主题，为整个村庄增添一份童趣。

　　2. 尊重本地风俗

　　本次改造的军民六组两个组之间由一条河分隔，为加强村民之间联系，我们决定在河上架一座桥。然而，当地村民有"家门前不架桥"的习俗。于是，我们设计了一座简单的"木浮桥"，由几条成品木船浮于河上，两侧由竹子插入河底固定，用几个大石块垒成了简易的驳岸，一座在村民家门前视线范围之下的浮桥诞生了，既满足了村民之间走动的便利性，又解决了人人都不愿意自己门前架桥的难题。反而成为村里独特的一道风景线。

3. 效果图

2. 宅后小菜园（实景）

3. 宅前屋后（实景）

1. 宅基远景（实景）

实施成果
Implementation

在方案实施过程中，我们尽量取材本土化，节约成本与施工周期，并尊重村民生活习俗，例如在宅前屋后的庭院围墙设计中，我们在底部采用小青砖镂空砌，上部用的是"本地竹"，取材本地化，节约成本与施工周期。院门是简单的"竹篱笆门"。

我们在每个院子前留了一条长花坛，花坛中没有鲜花绿植，取而代之的是村民们自种的大葱大蒜、月季盆景，最后，一个"原生态"的乡间小院子就呈现在我们眼前。

4. 村民休闲公园小节点（实景）

5. 休闲公园小节点（实景）

6. 宅前屋后（实景）

7. 弄堂步道月亮门（实景）

沈陆村保留民居建筑风貌提升
Renovation of Courtyards and Buildings in Shenlu Village

上海奉贤南宋村宋宅

Song House in Nansong Village, Fengxian, Shanghai

项目位置：奉贤区，奉城镇，南宋村
设计机构：张雷联合建筑事务所　设计师：张雷，马海依，洪思遥，章程，袁子燕，黄荣

1. 南面鸟瞰图（实景图）摄影：姚力

张雷：

南京大学建筑与城市规划学院教授、博士生导师
建筑设计与创作研究所所长
可持续乡土建筑研究中心主任
江苏省建筑师学会副会长
江苏省政府首批"设计大师"
张雷联合建筑事务所创始人

项目概况
Project Overview

委托方：上海东方卫视"梦想改造家"节目组
项目性质：农民自建房－危房拆除重建
建筑规模（面积）：280㎡
设计／建成时间：2018/2018.10

故事的缘起是委托人老宋居住在奉贤乡下需要
照料的老母亲，年久失修的老屋危房；以及辛苦工作
的孝顺儿子老宋在上海城区的住所难以给老人提供舒
适独立的居住条件，老人也完全不能适应上海顶层阁
楼的蜗居生活。老宋夫妻的梦想是退休后从上海城区
回到家乡奉贤南宋村，将老家的危房拆除重建，造一
栋适合老年人使用，全家老少都喜欢的新房子，更好
地照顾自己已经82岁的老母亲。为了帮助在上海的
女儿女婿安心工作减缓生活压力，老宋和太太商量邀
请身体不太好的亲家夫妇一起回奉贤，方便相互照应
抱团养老。这栋房子也凝聚了他们老少四代八口对未
来田园生活的美好想象和热切期盼。

2. 总平面图

上海奉贤南宋村宋宅
Song House in Nansong Village, Fengxian, Shanghai

1.周边环境 摄影：姚力

作品介绍
Introduction

房屋居住情况：

常住 5 人：

委托人老宋：55 岁，电工，身体健康。

委托人夫人：53 岁，退休，身体健康。

老母亲：82 岁，农民，农保，患心脏病、时常头晕、行动不便、听力障碍、不识字、不会讲普通话。

亲家公：68 岁，退休，身体不好，有时需要用轮椅。

亲家母：66 岁，退休，患腰椎颈椎疾病，神经衰弱，睡眠质量不佳。

周末节假日回家 3 人

女儿：31 岁，公务员。

女婿：36 岁，通信行业。

外孙女：5 岁。

方案特色：

设计延续奉贤当地新民居二开间朝南的空间格局，在规则方正的体量中心运用新民居不常用的天井，形成空间和生活的中心。五个有确定使用对象的卧室和不同尺度的公共空间围绕天井布局，形成独立性、私密性和公共性交织互联，兼具仪式感和归宿感的家。

一层起居室和老太太卧室朝南，是全家温馨生活记忆的场所，是讲故事的地方。北侧是开放厨房和餐厅，是大家一起做家务聊天聚餐的地方。天井是建筑的中心，它是精神性的，站在天井中间地面镶嵌的不锈钢"宋"字上，老宋会强烈感知属于他们家的一方天地。二层是委托人老宋和亲家两对夫妻以及老宋女儿女婿节假日回家的卧室。三层合理利用当地建房规则，通过采用天井扩大房屋进深保证了坡屋顶下面的空间使用高度，北侧是外孙女的卧室，南侧作为家庭活动室。

2F   3F

1F

2.技术图纸

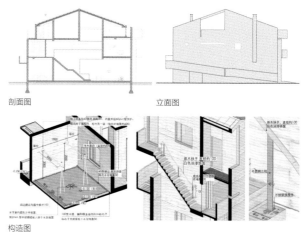

剖面图   立面图

构造图

实施成果
Implementation

　　绿水青山粉墙田园是秀美江南典型的动人画面，方案阶段的设计构想是采用白水泥清水混凝土墙面，表现建筑纯净的肌理，成为绿色田园中浪漫的养老居所。由于造价及工期原因，实际建造改为砖混结构，老宋家拆除的老房子外墙和地面都是使用的水泥砂浆，我们希望白水泥饰面的策略能够有效地回应熟悉的文脉环境。

　　十年以前工作室完成了混凝土缝之宅项目，实施过程中和上海禾泰建材刘娟一起对清水混凝土墙面修补和保护进行研究有过成功的合作，之后在CIPEA四号住宅中也采用了类似外墙饰面材料和技术，这次时间紧、任务急、造价低，砖混结构也不同于混凝土墙面，基层需采用弹性防水膜仔细处理，刘娟再次出手相助采用白色清水防护材料保证了外立面的效果。

　　城乡一体，乡村振兴的时代使命无法一蹴而就，然而对于家住上海城区的老宋，一个简单的、追求幸福生活的愿望正在实现。一个大家庭的亲密血缘关系，将城乡空间紧密地联系在一起。

1.西北面早晨（实景图）摄影：姚力

2.东立面（实景图）摄影：姚力

3.起居室（实景图）摄影：姚力

4.回到新家（实景图）摄影：AZL

黄桥村宅基地迁并点首期示范项目

The First Phase of Relocation of Huangqiao Village Homestead

黄桥村宅基地迁并点首期示范项目

The First Phase of Relocation of Huangqiao Village Homestead

项目位置：松江区，泖港镇，黄桥村
设计机构：上海梓耘斋建筑设计咨询有限公司　设计师：童明

　　黄桥村未来新村安置点占地约 16hm²，将容纳 515 户村民，每户建筑占地面积约 90m²，宅基地面积约 110m²。其中，黄桥村首期示范项目占地约 1.55hm²，包括 64 户住宅，180m² 户型 44 户，200m² 户型 20 户。

1. 被田园风光环绕的黄桥村（效果图）

童明：

东南大学建筑学院建筑系教授、博士生导师

上海梓耘斋建筑设计咨询有限公司创始人、
主持设计师

主要研究：

工作范畴涉及传统与现代、本土与流变等当代诸多领域，其作品兼具研究与创作性质，主张通过具体而精准的建构行为，将建筑实体与城市网络关联在一起，将个体思考与集体意志关联在一起，从而去探讨一个社会生活中最具决定而且终极的目标：创造更好的生活环境并体现更高的文明意图。

项目概况
Project Overview

场地基本情况：

一期项目基地西临黄桥村中心路，南面为北六勤河，面积约 1.55hm²。

原场地仅有一栋二层房屋，质量中等，其余用地均为粮田，是被选作宅基地迁并试点项目的理想启动地点。

2. 施工前场地（实景图）

作品介绍
Introduction

设计理念：

黄桥村目前面临乡村产业转型、宅基地迁并整合，以及乡村发展模式的全新探索。本示范项目综合这些乡村发展背景，通过宅基地迁并设计，提出了"田园新社"的总体设计理念，探索打造一种新的"江南田园生活"模式。

"田园新社"是基于上海乡村特征所提出来的一种发展新理念：依托于上海总体城市发展背景及其优势，将乡村建设与城市发展相结合，将乡村田园风光与城市社区模式相结合，将乡村生态环境与城市服务功能相结合——使之成为城市与乡村共同发展的新探索，用城市动力带动乡村发展，并且形成具有上海特色的江南田园社区新风貌。

在总平面规划上，社区总体建筑布局依托现有乡村道路与水道河网，保持传统江南特色的民居布局方式，边界错落有致，将田野风光延伸到居住社区之中，住宅临河傍田，构建出如画一般的田园居住景象。在社区公共空间设计方面，以江南田园景致为特色，在公共区域布置檐廊、亭台、广场、社区活动中心等公共活动空间和场地，为整个居住社区营造出一种具有江南田园特色的风貌环境。

3. 公共空间轴线广场（效果图）

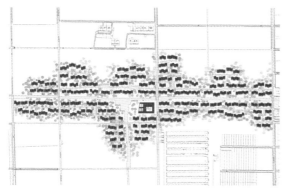

1. 总平面图

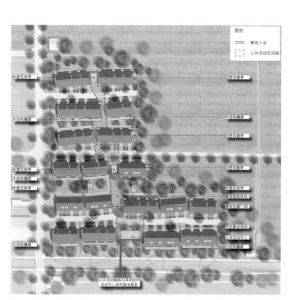

2. 一期项目公共空间轴

4. 组团集中绿化（效果图）

5. 集中绿化内檐廊空间（效果图）

实施成果
Implementation

　　住宅建筑突出松江泖港镇黄桥村的地域特色，使用传统朴素的建造材料，使得项目具有地域特征的同时，也具有可推广与示范性。整体建筑设计基于松江地区原有的传统民居建筑特色，大片黑瓦屋面与白色墙面搭配。提取具有特征性的建筑元素——山墙面观音兜、木板大门、二层建筑立面悬挑等。

　　社区景观以乡村田野为依托，展现独具特色的黄桥村田园风光，并将田园地景融入居住社区的景观取景之中。在乡邻社区内部适当的位置以及村内道路旁设置景观亭，作为村民与游客的休憩游赏场所。让田园景观与村民日常生活产生互动与联系。

　　乡村居民未来可在享受田园风光的同时体验城市品质，这样的生活愿景将会逐渐吸引更多的人回到乡村，让乡村经济进一步良性地、可持续地运转。黄桥村只是一个试点，这种模式作为一个示范，可以复制和扩展到大都市近郊乡村的建设中去，未来的都市近郊乡村是美丽、宜居、富足，并且充满活力的地方。

1. 施工中的一期项目南鸟瞰（实景图）
2. 施工中的一期项目北鸟瞰（实景图）
3. 一期项目鸟瞰（效果图）

腰泾村集中居住点风貌提升

Improved Appearance of Concentrated Residential

项目位置：松江区，泖港镇，腰泾村
设计机构：中国美术学院风景建筑研究院　设计师：方春辉

腰泾村集中居住点风貌提升

Improved Appearance of Concentrated Residential Areas in Yaojing Village

1. 鸟瞰（效果图）

为改善农村人居环境，提高生活服务水平，当地村落文化习俗传承与宣扬。

项目概况
Project Overview

场地基本情况：
基地面积：约 13.81hm²
建筑面积：约 111417.66m²
泖港镇隶属于上海市松江区，位于松江区西南部东连叶榭镇，西邻新浜镇，北枕横潦泾，位于黄浦江源头。整体建筑占地面积约 46 亩，可安置 341 户。

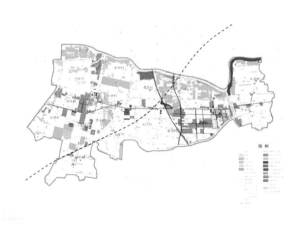

2. 规划区位图

171

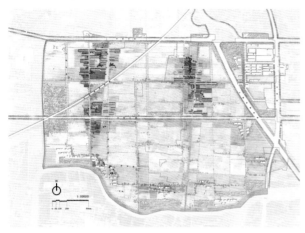

1. 规划结构总平面图

作品介绍
Introduction

设计理念：

提取五库老街立帖式建筑特点进行胡光村、腰泾村的立面改造。一切从实际出发，规划根据"政府引导、农民自愿、规划先行、政策聚焦、因地制宜、稳步推进"的原则，根据建筑质量和建筑风格进行分类整治。建筑室内空间与设施改造、建筑细部艺术改造、院落艺术空间改造、底部商业改造。

方案特色：

一条古冈身把古代的上海分成了东西两大版块，古冈身以西的地域，成陆较东部地域早了几千年，现松江、青浦和金山地区坐落在这个地域，而嘉定东部、宝山、闵行、浦东新区和上海市区等，则坐落在冈身以东成陆晚得多的地域，这里曾经是汪洋一片，后来逐渐成为沼泽地和滩涂，今日的上海是先民栉风沐雨、寒耕暑耘、围垦作业的丰功伟绩。冈身周边地域，成陆较晚，当年处处是沼泽地和滩涂，故有"上海滩"之称，土壤的地耐力很低，仅能承受建造穿斗式（立帖式）木结构加填充砖墙的轻巧木结构农舍。

4人户住宅（B1户型）
宅基地占地≤90㎡　（停车位南入）
建筑面积≤180㎡

4人户住宅（B2户型）
宅基地占地≤90㎡　（停车位北入）
建筑面积≤180㎡

5人户住宅（A1户型）
宅基地占地≤100㎡　（停车位南入）
建筑面积≤200㎡

5人户住宅（A2户型）
宅基地占地≤100㎡　（停车位北入）
建筑面积≤200㎡

2. 户型平面图

实施成果
Implementation

　　本项目修补破损位置，对建筑在原有基础上进行结构加固，重点打造沿河景观带，最大程度利用现有自然资源，清洁路面，处理杂物，打造商业步行街。重新粉刷立面，修补破损，同时对区域内建筑进行整体设计，统一整体风格。增加地面植被，优化林地景观，丰富区域内场景，打造江边景观点，将大桥景观充分利用，丰富场景。

1. 建筑透视（效果图）

2. 建筑透视（效果图）

3. 庭院布置图（效果图）

4. 微 X 点建筑效果图（实景图）

革新村农民集中居住点设计

项目位置：闵行区，浦江镇，革新村
设计机构：上海江南建筑设计院（集团）有限公司　设计师：丁峰，王超，华进，肖海露，李婷婷

1. 水岸建筑（实景图）

丁峰:

上海江南建筑设计院（集团）有限公司副总
建筑师
乡村规划设计中心副主任
高级工程师、国家一级注册建筑师
上海视觉艺术学院设计学院副教授

王超:

上海江南建筑设计院（集团）有限公司院长
助理、副总规划师
乡村规划设计中心主任
高级工程师
国家注册规划师
国家一级注册建筑师

主要研究:

乡村规划、乡土建筑设计
长期关注长三角区域乡村经济发展与乡村人居环境问题，十多年乡村规
划与建设实践，主持和参与三十余个乡村规划建设项目

项目概况
Project Overview

场地基本情况:

基地面积: 约 8.65hm²

设计分两个居民点，1 号居民点依附村委会东侧，原革新 10 组地界。2 号居民
点选址为原革新 2 组 3 组地界，与现状 2 组 3 组形成居住组团。

2. 村口标志（实景图）

175

1. 总平面图

作品介绍
Introduction

设计理念：

　　设计在总图落位上针对革新的现状条件提出了三定的原则，即定村宅、定公建、定交通。

　　①定村宅，村宅落位，组团层面，各队组和组团的对应图。村宅层面，村宅编号图。

　　②定公建，公建布局图，公建位置比选。公共建筑效果图。

　　③定交通，停车位布点图、村庄出入口、参观游线。

方案特色：

　　革新村现状肌理大多呈点状，带状。设计以组团块状模式布局，整体打造革新村特色江南水乡风貌。设计空间肌理展现水在田中，田在水中；水在村中，村在水中；相互相融，相互相生；枕水而居，错落有致。公共空间串点成线：

　　①在村各个组团和巷弄交汇处建设集中的交流区或村民广场等多种类型的公共空间节点。

　　②在沿河或组团边缘建设集中景观广场或绿地，提升村落环境品质，供村民驻足小憩。

2. 效果图

3. 组团效果图

实施成果
Implementation

　　本项目在实施过程中，建筑整体采用白墙灰瓦。墙面主导材料选用白色涂料，辅助材料为壁板和青砖，框料、门头采用木质或仿木质材料，延续江南地域特色。屋顶采用适应当地气候特征、继承传统风貌的多种坡屋顶组合，局部平坡组合。

1. 北侧组团院墙（实景图）

2. 内部村宅（实景图）

3. 乡土空间（实景图）

4. 民宿空间（实景图）

1. 革新建业馆航拍（实景图）
2. 革新建业馆（实景图）

1. 村宅景观（实景图）

2. 生活岸线（实景图）

1. 围墙花篮（悦乡民居提供）

2. 庭院空间（悦乡民居提供）

3. 庭院空间（悦乡民居提供）

1. 村宅客厅实景图（悦乡民居提供）

2. 村宅餐厅实景图（悦乡民居提供）

3. 村宅庭院景观（实景图）

4. 村宅卧室实景图（悦乡民居提供）

同心村乡村振兴村庄设计

The Village Design for Rural Revitalization of Tongxin Village

项目位置：闵行区，马桥镇，同心村
设计机构：上海江南建筑设计院（集团）有限公司　设计师：王超，丁峰，李静，赖益萌，吴燕萍，倪兢兢，刘星百

同心村乡村振兴村庄设计
The Village Design for Rural Revitalization of Tongxin Village

1. 村宅入口（实景图）

项目概况
Project Overview

场地基本情况：

基地面积：01-01 地块，约 3hm²

建筑面积：约 12000m²

项目位于同心村荷巷桥区域，汇江路以东、东川路以南、西河泾以西、柳条港以北区域。

2. 景墙（实景图）

1. 总平面图

作品介绍
Introduction

设计理念：

遵循自然发展下的乡村肌理，在规划和布局中运用原始自然的设计语言，打造田园村落的结构形态。

采用组团化的布置手法，每个组团设置单独的入口广场。使各个组团有较好的辨识性。各个入口小广场与北部地块相串联，构筑景观层次丰富的人行游步道系统。

我们希望通过对总图肌理的研究划分，打造"幸福田，同心结，理想村"。

方案特色：

①村庄风貌采用江南建筑粉墙黛瓦，素淡简朴，见素抱朴的哲学理念深入其中，诗情画意的江南建筑如同一幅水墨画一般。外立面采用传统江南水乡色调，以水墨色系为主。这些建筑与河流景观配在一起，极具美感。

②乡村田园风貌的自然景观，植物、水倒影在河水中的绿色，簇拥在林荫中的建筑，充满生机的宅前屋后，乡村田园风格优美的自然环境，以及质朴的天然材质是江南乡村充满特色及美感的重要元素。尊重原有的自然环境，有效地提取天然材质，从而反映出一种淳朴的恬静安然的生活态度。

2. 乡村网格化办公室（实景图）

3. 村宅景观（实景图）

1. 村宅立面（实景图）

2. 山墙面（实景图）

实施成果
Implementation

　　同心村归并安置点规划 92 户，一期实施 44 户，已建成交付。二期 48 户规划设计完成。

　　同心村现状有许多农村自留地和竹林等富含乡土田间的景观元素，生活气息浓郁。这里是村民生活已久熟悉的"家园"，设计尊重现状，还原现状，更新现状，让质朴安宁的居住环境延续下去。

3. 义德桥（实景图）

4. 花海与村宅（实景图）

1. 村民之家（实景图）

2. 村宅山墙面（实景图）

3. 组团侧立面（实景图）

1. 组团侧立面（实景图）

2. 村宅内景（实景图）

3. 村宅内景（实景图）

Ecological Restoration and Landscape Art

生态修复及景观艺术篇

随着乡村振兴战略实施推进，乡村环境品质提升也得到了更高重视，对其认识也不断深化，并且从早期较为片面地聚焦于居民点环境卫生和房屋美化，走向更为宏观的乡村地区生态环境和大地景观修复，以及公共艺术等更多层面，不仅大大丰富了设计所关注的对象内涵，也明显丰富了设计的空间尺度和层面。

上海近年来的实践探索，无疑走在了国内的前沿。尽管收集的案例不多，但是无论从空间层次到对象内涵，这些案例都体现了新时代背景下的丰富性，涵盖了从生态修复到大地景观重塑、从村庄整体风貌提升到重点区域景观设计、从景观节点到灯具等景观小品设计、从物质环境品质提升到引入文化艺术活动，不仅包含艺术家的田间创作，也包含村民传统文化激活及普通游客的即兴参与，正是越来越多的社会各界人士的共同参与，为乡村地区的振兴发展带来了生机，也为村民自信带来了激励。更为重要的是，正如上海新浜土地整治项目所呈现出来的，通过制度、机制上的创新探索，以及设计的提前介入，原本简单的土地整治项目，直接实现了与生态景观重塑和传统文化记忆再现的叠加，不仅节省了资金，而且带来了更为重要的社会效益。如今，这一项目已经成为松江区的重要休闲景点。

尽管已经取得了明显成效，一些重要议题仍然需要更为深入的探讨。如何在实现风貌景观品质提升，甚至打造一些精品景观点位的同时，保留乡村、郊野风貌整体层面上的自然气息，能够让更多大众可以自在参与并且享受户外的自由欢畅，仍然值得深入思考。乡村的生态环境和艺术景观塑造，总体上还是应当更加注重在地性和运维的低成本，避免因为景观品质提升给村庄带来不必要的经济压力。更不能因为景观品质维护需要，让走进村庄的人，不仅得不到应有的轻松感，还犹如进入精品瓷器店，举手投足都担心碰坏了哪里。

乡村的美丽和活力，优良的生态环境、大地景观、村容村貌和公共活动，都是不可忽视的重要源泉之一，值得在实践中不断深入探索。

活水农源——
上海新浜土地整治项目生态与景观重塑技术实践
The Practice of Ecological and Landscape Remodeling of Xinbang Land Remediation

项目位置：松江区，新浜镇，市级土地整治项目"白牛乡贤"片区
设计机构：上海市建设用地和土地整理事务中心，上海市城市规划设计研究院生态和园林景观设计分院，上海同瑞环保工程有限公司，
　　　　　华东师范大学，上海为林绿化景观有限公司

活水农源 ——
The Practice of Ecological and Landscape Remodeling of Xinbang Land Remediation

上海新浜土地整治项目生态与景观重塑技术实践

1. "白牛乡贤"（实景图）

项目概况
Project Overview

为探寻解决水—土—生三者耦联形成的生态环境问题，2017年，上海市建设用地和土地整理事务中心结合上海市科委重大科技专项（"长三角区域高效可持续的水土环境修复关键技术研究及在土地整治中的示范应用"），以土地整治项目为依托，联合华东师范大学等单位开展了"水质净化/生态保育相耦合的生态修复技术研究与工程示范"。

项目位于松江新浜市级土地整治项目"白牛乡贤"片区内，项目区内有1127户农户将搬迁。片区水系总面积约为42000㎡。作为生态修复技术实践，项目最大的亮点在于没有就技术论技术，而是从土地复垦、景观设计塑造、废旧建材循环利用、传统文化传承等多方面入手，兼顾耕地保护、经济收益、生态修复试验场地等多类诉求，形成具有生机和活力的乡村独特空间，有效避免单一项目"烂尾"的风险。

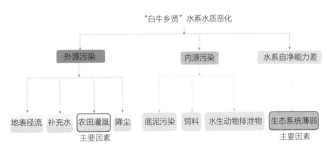

2."白牛乡贤"水系水质恶化原因分析

生态景观
Ecological Landscape

生态修复技术实践：

　　生态循环／生态保育相耦合的修复技术模式着眼于水—土—生之间的密切关系，从生态保育、水质改善、种群复壮等方面解决农田生态环境问题，通过四级净化系统、湿地生态系统重构、蛙类生态保育以及生态农沟、生态管涵、生态跳板等生态工程，在改善水质的同时，增加本地生物物种的多样性。技术模式结合工程项目实施，通过生态化的设计，引入生态廊道、生态斑块、关键栖息地等，达到在获取土地整治收益的同时，维持住生态系统结构与功能，保育关键物种，尽量降低生态系统影响的目标。

生态区的景观设计：

　　在"白牛乡贤"乡村风貌保护区内保留原有的菖蒲湿地和芦苇荡，并种植睡莲、荷花、苦草等净水植物。施工过程中，在原有土地整治项目的基础上，结合水环境改造工程，保留原有的河道、农沟、鱼塘和北高南低的农田地形现状，通过划分农田湿地板块，采用生态岛链、农田水溪、微地形堆坡等设计手法，打造湿地栖息地。通过河道清淤、驳岸生态化截流过滤等途径美化，改善滨水公共空间。在水域中种植各类水生、沼生、湿生植物，构成丰富的景观效果。来此游玩的游客除了可在此欣赏到上海最美的"景观梯田"，还能产生回归自然的氛围。

1. 湿地蝌蚪保育区（实景图）

2. 白牛塘（实景图）

3. 景观梯田（实景图）

社会经济效益
Socio-economic Benefits

搬迁 1127 户村民：

　　社会文化视角来看，项目区内的 1127 户村民通过自愿的形式从老旧农宅搬进了离集镇近、交通便利的新楼房，村民的居住条件得到极大的改善。在土地整治的同时，积极保护河湖水系、农田景观、生态林地、村落格局以及非物质文化遗产等乡村风貌要素，留住乡愁。

三类水回灌水稻，新增耕地 696.75 亩：

　　通过构建四级净化系统，周边界河和灌排沟渠中的农田污水经太阳能泵站进入生态净化区，然后流经卵石叠水区、挺水植物表流湿地和涵养塘，再回流进灌排沟渠，将一部分水用于农田灌溉。项目实施后可新增耕地 696.75 亩，建成近万亩的高标准基本农田，为实现机械耕作，实行规模化、专业化生产的现代生态农业产生规模和示范效益，为打造远郊休闲农业、观光农业，发展乡村旅游奠定基础。

1. 村民安置房（实景图）
2. 太阳能泵站（实景图）
3. 农田景观（实景图）

文化遗存
Cultural Legacy

活水农源——上海新浜土地整治项目生态与景观重塑技术实践

The Practice of Ecological and Landscape Remodeling of Xinbang Land Remediation

1. 旧门板变身为"艺术门"（实景图）

2. 旧水缸穿上"新外衣"（实景图）

3. 旧门板再利用（实景图）

拆旧建材再利用：

　　在艺术家带领下，组织美术学院师生和村民共同创作，将拆旧过程产生的废弃桌椅家具、竹制容器、农用工具等，借助民间创意，变废为宝，以彩绘方式进行艺术创作，给废弃的门和缸赋予了乡愁情感，用丰富多样的艺术形式保留下乡村的印记。

白牛雕塑：

　　在白牛塘生态湿地之上，根据当地白牛塘的传说，"尚形艺社"青年艺术家团队运用传说中的铁链、斧子、牛三个元素，创作"白牛雕塑"，让白牛塘的历史人文底蕴，在生态科技修复的生态湿地之上大放异彩。

4. 白牛雕塑 - 斧头（实景图）

5. 白牛雕塑 - 牛（实景图）

通过市级土地整治项目这一综合平台载体的示范作用，结合土地整治建设开展生态修复技术示范实践，实现技术创新与工程示范深度融合，也为系统提升土地整治项目生态环境效益夯实了基础，使新浜从远郊突围，率先探索出一条以民为本、四化同步、生态文明、文化传承的城乡一体化道路。长三角平原农耕区沟汊纵横，河网密布，农田排水直排入河网对周边城市集建区的河流水质和生态健康产生重要影响。水质净化／生态保育相耦合的修复技术模式可应用于长三角平原地区高强度集中式农业区的农业面源污染治理与生态系统服务功能提升。

1. "白牛乡贤"茅草亭（实景图）

2. 白牛塘竹林小道园门（实景图）

3. 白牛塘（实景图）

吴房村整体风貌设计
Overall Landscape Design of Wufang Village

项目位置：奉贤区，青村镇，吴房村
设计机构：中国美术学院风景建筑设计研究总院有限公司　设计师：方春辉

1. 吴房村"舍后"公共厕所（实景图）

项目概况
Project Overview

基地面积：约 358 亩

建筑面积：约 5000m²

2. 吴房村整体风貌设计 - 改造前（实景图）

方案及实施简介
Introduction

"将美丽绘于乡村，让艺术留住乡愁！"

吴房村的整体风貌设计源于中国美术学院设计总院邀请著名中国画家吴山明老师与吴扬老师联袂创作的《桃源吴房十景图》，后续的整体规划、建筑、景观、风貌设计都源于这幅《桃源吴房十景图》。

"源于艺术、高于设计、充满灵性！"这是中国美术学院设计总院为乡村振兴设计项目提出的新思路，充分发挥了作为国内一流艺术院校所属设计院的优势，"将美丽绘于乡村，让艺术留住乡愁！"

1. 桃源春景

2.《桃源吴房十景图》局部

3. 吴山明老师为《桃源吴房十景图》题字

吴房村整体风貌设计

Overall Landscape Design of Wufang Village

"所见之处皆风景！"

为了全面提升吴房村的整体风貌，中国美术学院设计总院创新性地提出全域设计概念，将视野所见的每一处风景，都纳入综合设计范畴。这种工作方式，弥补了传统专项设计所忽视的整体风貌的把控。为了吴房村项目达到最理想的完成度，中国美术学院设计总院安排各工种设计团队常驻现场，全域指导施工，根据现场实际情况不断迭代施工方案，以确保"所见之处皆风景"！

1. 百年老宅及周边景观（实景图）

2. 吴房农舍及园路（实景图）

3. 园路（实景图）

1. 毛石挡墙（实景图）
2. 毛石挡墙（实景图）
3. 篱笆矮墙（实景图）

吴房村整体风貌设计

Overall Landscape Design of Wufang Village

在保留了田间作物、水系河道和古树的前提下，建筑设计师考虑最多的是如何保留吴房村的历史印迹。建筑师在改建或是修复的时候，充分调研了吴房村的历史建筑和周边环境。建筑基调汲取了吴房村原貌最淳朴的粉墙黛瓦风格，为了与桃花的相映成辉，建筑的色调以素雅为主，柔美的坡屋面流线、朴实的木饰线条与窗框、步移景异的村落景观，展现出海派水乡的柔美和乡野风貌的淳朴自然。

为了更好地营造乡野气息，村内人行小路以老石板、小青砖、鹅卵石等元素铺就而成，配以乡野植物与淳朴小品的组合设计，令步行道更具乡野气息。

设计团队将艺术、设计、绘画等元素融入该项目的设计当中，使得吴房村逐渐成为上海的网红村。

1. 庭院篱笆（实景图）

2. 竹篱笆（实景图）

3. 标识标语（实景图）

1. 路灯（实景图）

2. 彩绘路灯（实景图）

3. 吴房村夜景（实景图）

吴房村整体风貌设计

Overall Landscape Design of Wufang Village

1. 吴房桃花（实景图）
2. 田园小路（实景图）
3. 河道景观（实景图）

植物种植以"美丽乡村"为主题，主要搭配乡野植物，充分体现乡村特色。组合陶罐、木船等各式创新花池，结合植物季相变化打造最美吴房村。

1. 陶罐花钵（实景图）

2. 船形花池（实景图）

3. 创新花池（实景图）

吴房村整体风貌设计

Overall Landscape Design of Wufang Village

吴房村水系丰富，河流密布。村内共有近20座桥梁，数量虽多，却座座不同。其中，车行桥大多体量较大，设计以石质栏杆；而人行桥，则轻盈而小巧，融于风景中。根据不同需求道路与桥梁的联通结合，整体上功能与风貌相适宜。尤其是"人"字桥与曲岸波桥，成了人人争相合影的打卡景点。

1. 项目区位图
2. 平岸小桥（实景图）
3. 平岸小桥（实景图）
4. 竹桥（实景图）

1. 植物盆栽（实景图）

2. "人"字桥（实景图）

3. "人"字桥（实景图）

吴房村整体风貌设计
Overall Landscape Design of Wufang Village

1. 车行桥（实景图）
2. "人"字桥（实景图）
3. "人"字桥（实景图）
4. 平锦桥（实景图）

自然的河道只需稍加疏浚整治，即是一道亮丽的景观。设计师在此基础上补充芦苇、花叶芦竹、蒲苇等，以提升野趣；水面种植黄菖蒲、鸢尾、荷花、睡莲、梭鱼草等多种挺水、浮水及沉水植物，以净化水质，营造水生态系统。

1. 车行桥（实景图）
2. 车行桥（实景图）
3. 如意桥（实景图）

水库村道路桥梁景观改造设计

Landscape Reconstruction Design of Road and Bridge in Shuiku Village

水库村道路桥梁景观改造设计

Landscape Reconstruction Design of Road and Bridge in Shuiku Village

项目位置：金山区，漕泾镇，水库村
设计机构：同济大学建筑与城市规划学院　设计师：董楠楠

1. 沈家宅北侧林地及园路（实景图）

董楠楠:

水库村乡村规划团队成员、同济大学建筑与城市规划学院景观系副教授、博士生导师、院长助理、建成环境技术中心副主任、上海市立体绿化专家委员会委员。

德国卡塞尔大学城市与景观规划系工学博士、同济大学建筑学硕士，自 2006 年起任教于同济大学建筑与城市规划学院景观学系。

主要研究:

主要研究方向为景观规划与设计、立体园林技术创新及其性能化设计、儿童友好环境研究，负责并参与多项科研与规划设计项目，目前作为三项中德 BMBF 合作课题的中方联络人和一项中英国际合作课题的中方联络人。

项目概况
Project Overview

场地基本情况: 长堰路位于水库村北侧，是全区首条按照 "四好农村路" 提档升级标准建设完工的农村公路，由原有四级公路提升为三级公路

基地位置: 长堰路 (朱漕路水泾路路段) 道路两侧景观

基地面积: 景观面积 32000㎡，软景种植面积 27751㎡，陆地新增旱溪面积 530㎡

基地尺寸: 长约 900m，最宽处约 130m

2.改造前长堰路道路两侧景观 (实景图)

3.改造前长堰路入口景观 (实景图)

方案及实施简介
Introduction

　　长堰路两侧的景观绿化改造遵循上海市郊野乡村风貌设计导则。项目利用原有的树木，进行抽稀、移栽、补种等方式进行改造，路两侧行道树采用引进品种娜塔栎，耐水湿、抗寒旱。一年四季变色绿、黄、红、褐。气候适应性强，品种优良，满足种植色叶变化多、强的原则。地被采用多年生草本植物及花卉，如小兔子狼尾草、马鞭草等，一年四季均有不同品种的植物可供欣赏。民居前的绿地补种桃树、橘树等果树。整个景观设计采用海绵城市的理念，林间多处设计下凹绿地，提升生态系统功能和减少洪涝灾害的发生。

2. 朱漕路长堰路路口下凹绿地（实景图）

3. 沈家宅北侧景观（实景图）

1. 民居前绿地（实景图）

4. 马鞭草（实景图）

5. 向日葵（实景图）

1. 林间小道（实景图）

入口"水库村"LOGO 字采用钢结构，外部以橙红色亚克力板封面，内嵌灯带，外立面设置电子显示屏。林间园路采用透水砖铺装，将原本封闭的林下空间打开，滨水沿岸设置两个木平台，可供游客及村民休憩。

3. 入口 LOGO 字夜景（实景图）

2. 长桌宴前夜（实景图）

4. 入口 LOGO 字日景（实景图）

1. 莲花桥（实景图）

2. 双曲桥（实景图）

3. 鱼篓桥（实景图）

桥梁基本情况:

1.莲花桥位于长堰路西侧,为人行桥

2.双曲桥位于农民集中居住区西侧,为人行桥

3.鱼篓桥位于农民集中居住区北侧,为车行桥

其中莲花桥、鱼篓桥为改造桥梁,双曲桥为新建桥梁。

4. 莲花桥改造前（实景图）

5. 鱼篓桥改造前（实景图）

　　莲花桥采用桥梁结构作为表现形式,通过莲花状态的结构梁,体现出桥梁的乡土气息和结构美感。五朵盛开的莲花,将会成为水库村的文化地标,同时,桥梁宽度较大,可以满足通行和休闲双重作用。中央凸出的结构柱,结合灯光设计和 LED 设计,周边的座椅结合种植设计,表现出景观的多样性。

　　双曲桥设计采用了江南特有的乌篷船作为母形,运用现代的设计手法,将这座景观桥直接联系江南水乡文化。乌篷船特有的曲面成为这座桥新的标识和结构,附着的腹杆和渔网,未来可以结合当地特有的种植。"乌篷船"将成为水库村走向未来,本土走向国际的代表作。

6. 莲花桥（实景图）

7. 双曲桥（实景图）

8. 鱼篓桥（实景图）

乡村艺术
Country Art

2018 田园实验 – 乡野秋波

项目位置：金山区，漕泾镇，水库村
设计机构：同济大学建筑与城市规划学院　设计师：董楠楠

1. 田园实验场景（实景图）

2. 工作人员与志愿者合影（实景图）

3. 村民参与田园实验构筑物搭建一（实景图）

项目概况
Project Overview

2018 年场地基本情况:

基地位置: 水泾路水建路路口水稻田

基地面积: 约 7200m²

基地尺寸: 长约 60m, 宽约 120m

4. 村民参与田园实验构筑物搭建二（实景图）

5. 构筑物上的水稻束（实景图）

乡村艺术
Country Art

2019 乡村艺术季 – 艺术作品

项目位置：金山区，漕泾镇，水库村
设计机构：世录文化创意（上海）有限公司　设计师：苏冰
设计机构：同济大学建筑与城市规划学院　设计师：董楠楠

　　水 COOL・2019 乡村艺术季活动为董楠楠老师与艺术家苏冰联合策展，从 2019 年 9 月 22 日开始持续三个月。特邀国内外 20 多位艺术家和设计师进行涂鸦、雕塑、装置、摄影、表演等多元形式再造乡村文化新景观。

1. 艺术季开幕式（实景图）

2.IUG 团队《水库牧场》（实景图）

3. 戴代新，邱杰迩《水中之鱼》（效果图）

4. 许晓青，冯婧婕，谯素芳，屈张 《归棹》（实景图）

1. 朱敬一 大笔书法（实景图）

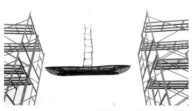

2. 陈剑生 《方舟》（实景图）

3. 陈涛 《水·酷》（实景图）

4. 林加冰 – 现场作画（实景图）

5. 李海涛 《逍遥游》（实景图）

6. 李知弥 《常相知》（实景图）

7. 舒舒 X 鹏鹏 《乘风破浪》（实景图）

8. 施政 《水天一色》（实景图）

9. 施政 《漂浮星球》（实景图）

10. 卜金 《鱼的诉说》（实景图）

11. 麻进 《百姓：临摹姓氏图腾》（实景图）

12. 秦岭 《与光同行》（实景图）

13. 吉元烨子（日）《事象地平线 – 记忆 –》（实景图）

14. 贪生艺术季（实景图）

15. Roland Darjes（德）
《Man at the river》/《人 – 河畔》
（实景图）

16. Roland Darjes（德）
《Man in the field》/《人 – 原野》
（实景图）

17. 谢艾格《苹果派》（实景图）

18. 陈剑生《空中之城》（实景图）

乡村艺术
Country Art

2019 乡村艺术季 - 田园实验

　　田园实验（Rice Garden）由同济大学建筑与城市规划学院董楠楠副教授发起，已经连续在上海开展 3 年，通过高校、村镇与广泛的社会资源全面链接合作，以临时性场地和在地化建造技术，导入特色化的艺术活动与文化体验，旨在促进城乡人群与社会资源之间的交流互动，增强当地乡村未来发展机会。

1. 田园实验场地（实景图）

2. 镇领导、策展团队与艺术家合影（实景图）

3. 围观村民（实景图）

项目概况
Project Overview

2019 年场地基本情况：

基地位置：长堰路水泾路路口水稻田

基地面积：约 8000m²

基地尺寸：长约 80m，宽约 100m

4. 朱敬一作品（实景图）

待泾村花开海上入口区域景观设计方案

Landscape Design of Huakaihaishang Entrance Area

项目位置：金山区，朱泾镇，待泾村
设计机构：蓝天园林设计院 十所　设计师：沈恺，胡益圆

1. 花开海上入口区域（效果图）

沈恺:

同济大学风景园林硕士, 蓝天园林设计院副院长

胡益圆:

蓝天园林设计院十所所长

项目概况
Project Overview

基地基本情况:

基地面积: 约 21237m²

基地位置: 项目位于花开海上生态园入口区域, 入口南侧为亭枫公路, 北侧为东陈屋河

基地尺寸: 东西长约 420m, 南北最宽处约 110m

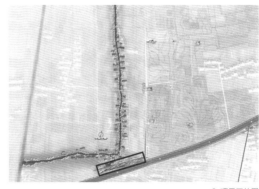

2. 项目区位图

3. 花开海上入口区域改造前 (实景图)

方案及实施简介
Introduction

场地为亭枫公路拓宽前与花开海上内部的道路之间存留了一条狭长的沿路绿地沿亭枫公路展开面 320m，进深 25m 左右，属于花开海上用地的一部分。

亭枫公路不久后将会拓宽，该项目一大部分会被占去，因此该项目成本要经济，周期十分短，建成要马上见效，属于苗圃用地。

场地的景观设计灵感来源于村舍周边金色的稻田，在结合场地苗圃用地和在四季有景可赏的前提下，我们加入了开花亚乔——樱花的元素，在"稻田"里面增加了一组花岛。

场地背后的农舍当作背景也被整合到景观当中，形成一个综合性的景观。

水稻田部分的景观跟随二十四节气，播种，抽苗，成熟，收割，呈现的是最为质朴的四季景观，同时也是为了更好地跟周边的农田元素融合。春季稻田灌满水，岛上的樱花盛开，水中倒影，顾盼生姿；夏季绿油油的稻田伴随着蛙鸣；秋季金色的稻浪翻滚，收割完后散落田间的草垛又是一景。

1. 总平面图

2. 概念方案草图（平面图）

3. 概念方案草图（透视图）

4. 概念方案草图（透视图）

4. 概念方案草图（透视图）

项目落地施工前后经历了不到一个月，现场边设计边施工，现在水面主要种植各种品种的睡莲，岛上当季的各色花卉，车行对岸，颇有在水一方的视觉感受，也是短周期、低成本、见效快的临时性景观的一次实践。

1. 实景图
2. 实景图
3. 实景图
4. 实景图

北双村生态环境提升

Ecological Environment Improvement in Beishuang Village

北双村生态环境提升

Ecological Environment Improvement in Beishuang Village

项目位置：崇明区，港西镇，北双村
设计机构：黄焱工作室　设计师：黄焱

1. 北双村河道景观与河中吊桥－改造后（实景图）

黄焱：

上海尼乾创意设计有限公司
总经理
黄焱工作室
创始人

主要研究：

在项目实践中运用创新思维，跨界思考规划／建筑／
景观／生态／农业等多个领域问题，坚持"师法自然，
地方重塑"的设计理念，善于运用"三位一体永续
设计"方法。

项目概况
Project Overview

基地面积：13465m²
北双村位于崇明区港西镇西南端，村委距崇明区城中心
5km。

2. 项目区位图

3. 北双村环境－改造前（实景图）

方案及实施简介
Introduction

北双村通过对现状水质进行分析，目前主要存在以下 3 个问题：①水环境较差，水体富营养化严重；②河道淤积严重，断头、束水建筑物较多，水体流动性差；③两岸植被较少，生态环境单一。

北双村以梳理特色水域为突破口，实现田、林、路、水、宅的有机融合，提出"这里的水是拈花的水"的设计概念，多彩花溪，野趣河道和水下草原的愿景。

积极引导农用地复合利用，因地制宜地引导农业用地空间功能复合、融合发展，构建农林复合、农水复合和林水复合等复合利用新模式。以水系为脉、田园为底、林带成网为导向，顺应全岛空间生长肌理，加强生态底线约束与魅力提升。让乡村如星辰般点缀于生态底色之上，重现水宅相依、绿树延绵、农田万顷的农田水系风貌。

1. 河口标识

2. 北双游步道

3. 入口标识

　　田间民宅区域依托现有河道水面、溪流水面等营造自然化的农业湿地，积极营造生态型河岸缓冲带，形成健康永续的滨水生态系统，充分发展滨河水源涵养的生态功能，使周边河道环通，增加水动力，促进生态修复，提升生态效益，优化景观环境；符合崇中乡村野趣带彰显特色风貌与田园风景，打造临水相依满庭芳的乡野景色。

1. 木平台（实景图）

2. 河中吊桥（实景图）

3. 混凝土砌块驳岸（实景图）

4. 水中净化植物（实景图）

从北双村客厅出发，种了 30 多种蔬菜的"田间鲜蔬"是可供游客认领的共享农田，即便只是路过，也可以来一份"自己采、自己洗、自己拌、自己吃"的蔬菜沙拉；藤本小女孩、太阳姑娘、瑞典女王……栽种了 307 个月季品种的"田间鲜花"，更是美得一发不可收，随手一张照片都可以在朋友圈收获无数点赞；以时令水果采摘体验为主的"田间鲜果"，不论什么时候都不会让你失望，如今盛夏的葡萄已然坠落藤架，阳光下透着晶莹的光泽……在这里，农旅不再是单纯的农家乐，北双村重点打造的"田间四鲜"可以满足你对"网红打卡点"的所有想象。

在田间鲜花中特意设计了一片超大的硫华菊花海。置身于花海中，拍美美的照片，仿佛自己已经融入这片浪漫的金黄色硫华菊花海中，美丽无比。

在通过沟渠上月芽桥，用木质和钢构相结合，立面和平面都有弧度的变化，栏杆用木头的咬合搭接而成，希望桥和花相互呼应。

1. 北双村田间鲜蔬 – 改造后（实景图）

2. 田间鲜花（效果图）

3. 田间鲜花与月芽桥（实景图）

田间鲜蔬，这里是蔬菜和水果种植采摘的地方，现提供观、采、食、带、认养等功能。田间鲜汁，这里主要种植了适合鲜榨的果蔬，游客可至鲜汁客栈品尝鲜榨果汁。田间鲜花，这里种植了307个品种的月季花，面积约20亩，集品种培育、科普教育、科研基地、月季观赏、月季文化传播等多项功能于一体。田间鲜果，这里主要种植可供采摘的时令水果，供游客来园采摘体验。田间鲜宿，这里融合了北双村各种特色民宿与农家乐，供游客住宿体验。

1. 台地的蔬菜种植（实景图）
2. 田间鲜蔬的门头（实景图）
3. 田间鲜蔬净果台（实景图）
4. 田间鲜蔬的步道（实景图）

永乐村永新路沿线环境提升设计

Environmental Improvement Design of Yongxin Road in Yongle Village

项目位置：崇明区，庙镇，永乐村

设计机构：上海然道（NHT）设计事务所　设计团队：刘洋，肖晓炼，马家俊，李娴，戴玲玲，万冲，刘伟伟，王倩

1. 永乐村进村门户（实景图）

刘洋：

建筑师、景观规划师
永乐村乡村振兴示范村总设计师
上海然道（NHT）设计事务所创始人

主要研究：

致力于研究城乡建筑保护与再生，社区花园的实践与探索，在地文化下的城市、乡村景观保护与发展。负责并参与多项研究与规划设计项目。

项目概况
Project Overview

永新路是永乐村最主要的交通路线，改造前的村庄入口缺乏地标性与仪式感，领域感较弱。红砖垒砌与灰色藏红花立体图案构成的塔状村标，有效地解决了村口河边空间不足的问题，同时也凸显了藏红花产业的特征，结合永新路桥的立面装饰改造，使得整个入口的景观风貌更为统一、完整。

2. 永乐村进村门户（实景图）

方案及实施简介
Introduction

　　百药园，由原来的两个小绿地改造而成，展示"药食同源"的康养文化。园内三个藏红花形态的主题绿化种植区，分别以芳香植物、可食植物、药用植物体现。利用现场枯死的树木在红花文化长廊东侧打造了一个微型的亲子自然游戏场，以微干预的设计手法，结合100多亩藏红花种植基地，将南侧原有的睦邻点改造为以康养文化为核心主题的红花驿站。

1. 永乐村百药园（实景图）

2. 永乐村无动力儿童乐园（实景图）

1. 永乐村百药园（实景图）

2. 永乐村百药园（实景图）

　　原村委会小游园改造而成的红花剧场，西侧紧邻村委会，与南侧的百药园、东侧的母亲树生态林遥相呼应，形成了永乐村东部以绿色生态为肌底的森林氧吧。红花剧场以藏红花球茎为设计原型，为老百姓提供了一个休闲、娱乐文化活动的场所。

　　母亲树生态林，围绕三棵大榉树，讲述了一个独属于永乐村的美丽传说，弘扬永乐人民坚韧团结、友爱互助的优良传统。

1. 永乐村红花剧场（实景图）

2. 永乐村母亲树（实景图）

1. 永乐村母亲树（实景图）

连民村景观风貌提升设计
Landscape Design of Lianmin Village

项目位置：浦东新区，川沙新镇，连民村
设计机构：中土大地国际建筑设计　设计师：潘丽琴，汪西亚，王贝贝，黄思源，杨靖宇

1. 连民村连民无名河景观花桥（实景图）

潘丽琴：

中土大地国际建筑设计有限公司副总工、教授级高工、上海市风景园林学会第七届理事会理事

主要研究：

乡村风貌景观、滨水空间景观、道路景观和公园景观

项目概况
Project Overview

基地面积：连民村核心区范围约 117 万 ㎡

提升内容：连民无名河及花桥、乡村入口铭牌、贺家河桥梁装饰、玫瑰工坊码头、乡村道路及节点绿化

2. 项目区位图

3. 连民村连民无名河 - 改造前（实景图）

方案及实施简介
Introduction

中土大地本次负责连民村乡村风貌景观提升，重点打造以五灶港为轴的中央核心区景观。

首先连民无名河位于连民玫瑰里以南，现状存在建筑垃圾，河道水体浑浊，水质较差，水体透明度 20cm。通过构建挺水、浮叶植物系统，从而形成陆域＋水域的多重景观效果。

玫瑰花桥在原有危桥原址上重建，拱形造型源于江南水乡石拱桥，桥面采用钢结构外包菠萝格木，两侧月季花箱呼应玫瑰主题，与水系花田融为一体，呈现大地可亲，风物长情，一曲清平乐！

我们希望通过对农村水环境的改善及特色桥梁的建设，使乡村风貌品质进一步提升，为乡村振兴的景观风貌提升提供参考。

1. 连民村连民无名河景观花桥（实景图）

2. 连民贺家河桥梁栏杆改建（实景图）

3. 连湖路景观矮墙（实景图）

4. 连民码头（实景图）

玫瑰工坊码头位于五灶港明华湖畔，是迪士尼水上游线至连民村的主要码头之一，以便游客往来连民村有更多交通选择。

　　标识铭牌位于六奉公路与繁强路交叉口，以及鹿湖东路交叉口，均为进入连民村的主要道路。

　　连民"玫瑰花村"铭牌，整体造型源于江南民居建筑剪影，拟通过栅栏的间距变化体现建筑的光影效果，整体材质为不锈钢烤漆，配以多年生野趣花草，展现连民村"中国美丽休闲乡村"的精神风貌。

1. 繁强路入口铭牌一（实景图）

2. 繁强路入口铭牌二（实景图）

3. 鹿湖东路入口铭牌（实景图）

4. 连民村休闲旅游导览铭牌（实景图）

5. 繁强路与鹿湖路交叉口植物节点一（实景图）

6. 鹿湖路与邮佳迎宾大道交叉口植物节点（实景图）

7. 繁强路与鹿湖路交叉口植物节点二（实景图）

8. 紫穗狼尾草（实景图）

　　本次连民村道路及节点绿化设计，植物品种选择以乡土树种及当地生长优良的植物为主，如乌桕、苦楝、紫薇、樱花等，地被以观赏草类植物为主，如小兔子狼尾草、紫穗狼尾草、矮蒲苇、花叶蒲苇、矢羽芒等，突出乡野气息，营造自然野趣且不失韵味的现代乡村景观。

9. 繁强路道路景观（实景图）

10. 繁强路道路景观（实景图）

徐姚村景观灯具及小品

Xuyao Village Landscape Facilities and Sketches

项目位置：青浦区，重固镇，徐姚村

设计机构：中国美术学院风景建筑设计研究总院有限公司　设计师：杨红，全白羽，周子鑫

1. 稻草人（实景图）

杨红:

中国美术学院风景建筑设计研究
总院第四综合院景观设计总监

全白羽:

中国美术学院风景建筑设计研
究总院第四综合院景观设计师

徐姚村景观灯具及小品

Xuyao Village Landscape Facilities and Sketches

项目概况
Project Overview

整治范围: 绿化整治提升, 约 236257.1㎡

整治内容: 入口空间、庭院空间、公共节点、停车场、道路等

南连章堰村, 北与鹤联村相接。

2. 铜人雕塑 (实景图)

方案及实施简介
Scheme and Implementation

　　徐姚村灯具设计遵循文脉传承的原则，满足《上海市郊野乡村风貌规划设计导则》的要求，设计以深灰色为灯具主色调，采用传统中式纹样作为装饰构件，材质选用结实耐用的钢材，灯具亮度适中，满足国家相应规范要求；为丰富亮化多样性分别设置庭院灯、草坪灯及壁灯，满足不同使用功能的需求。

1. 乡村主干道路灯（实景图）

2. 沿河休憩广场景观灯（实景图）

3. 景观桥头路灯（实景图）

4. 庭院景观灯（实景图）

5. 院墙柱头灯（实景图）

1. 铜人雕塑（实景图）

2. 吉祥鸟（实景图）

　　设计师通过与施工方沟通，在专业厂家定制各种类型灯具，通过多次对灯具小样尺寸、颜色、亮度、材质的讨论得到最终的成品灯具。

3. 粮仓（实景图）

POSTSCRIPT
后 记

党的十九大提出"乡村振兴战略",上海明确提出乡村是上海国际化大都市空间和功能体系的重要组成部分。上海的乡村振兴工作应立足于建设卓越全球城市和具有世界影响力的社会主义现代化国际大都市的高度,遵循"面向全球、面向未来"的原则,发挥乡村作为稀缺资源和城市核心功能重要承载地的优势,努力破解乡村发展瓶颈问题,塑造令人向往的江南田园风貌。

为此,上海按照中央乡村振兴战略二十字总要求,围绕建设"美丽家园、绿色田园、幸福乐园"的目标,积极探索适应本市乡村振兴的创新举措,并且大力支持乡村设计工作,引入跨领域、多专业设计师团队,融合美术、艺术、科学和技术手段,凸显农业农村的经济价值、生态价值和美学价值。越来越多的乡村设计作品也得以建成,吸引了社会各界越来越多的关注。

为及时总结、提炼、展示上海乡村设计的经验,进而引发理论探索,引导后续乡村设计和乡村建设工作,上海市规划和自然资源局委托同济大学建筑与城市规划学院近年来持续跟踪上海的乡村振兴示范村创建和乡村规划建设工作,搜集已经建成的乡村设计作品。在前些年的探索的基础上,通过专家遴选及点评,完成了本书的编撰工作。

本书所选案例,主要依托 2019—2020 年上海乡村振兴示范村创建项目,此外还根据实际调查进行了拓展。经过两次专家组遴选及编委会和上海市规划和自然资源局审定,主要从代表性角度从 173 个案例中遴选出 44 个精选案例,涉及公共服务设施、住宅、生态修复及景观艺术等类型。入选案例均以建成为基本前提,并且经过了所在地的乡镇政府和设计团队确认。

本书另外邀请了部分主要参与遴选的专家,分别从理论探索的层面,结合自身参与的实践工作和遴选工作,从不同视角撰写了针对乡村设计的理论探索性文章。

乡村设计,目前仍处于前沿探索性阶段。因此,编纂者尽管积极工作,仍然很难肯定地说本书会对理论及实践工作作出怎样的贡献,唯愿能够促进更多的专家学者及业界人士积极参与该领域工作,共同奉献于我国的乡村振兴战略实施工作。

本书的编纂,得到了上海市农业农村委员会、上海市住房和城乡建设管理委员会及相关市、区两级政府部门,案例所在镇党委、政府及所在村两委,以及有关项目设计师团队及其所在单位的大力支持,在此一并给予感谢。因各种原因的限制,本书可能仍然存在不完善之处,甚至有些错漏,均由编纂者承担责任,欢迎广大读者提出意见,我们虚心接受并将在后续工作中不断完善。

《乡村设计:理论探索与上海实践》编辑组
2021 年 2 月